为了一江清水

——世界银行贷款钱塘江流域小城镇环境综合治理项目的实践与启示

浙江省城建环保项目领导小组办公室　编

编审委

编委会

序

自1986年以来，浙江省住房和城乡建设系统与世界银行（简称世行）始终保持良好的合作关系，成功实施了浙江省多城市开发项目、浙江省城建环保项目和钱塘江流域小城镇环境综合治理项目（以下简称“钱塘江项目”），目前正在实施千岛湖及新安江流域水资源与生态环境保护项目。三十多年来，先后建成了一大批城镇供水、污水处理、垃圾处置、城市道路、古城和古镇保护等标志性工程，改善了我省城镇基础设施和生态环境，提升了人民群众的获得感、幸福感、安全感，取得了显著的经济和社会效益。为总结和宣传我省住房和城乡建设系统与世界银行合作的成果，推广小城镇环境综合治理的经验，我们编撰了《为了一江清水——世界银行贷款钱塘江流域小城镇环境综合治理项目的实践与启示》。这是我省坚持以人民为中心的发展思想，大力推进生态文明建设的生动见证，是自觉和主动践行绿色发展理念的坚定行动，是对我省小城镇环境综合治理和生态环境保护的新探索和示范。

本书记录了钱塘江项目从申报、前期准备到顺利完工，获得世行“高度满意”项目的评级，最终荣获世行“可持续发展领域副行长团队奖”的全过程；从项目鉴别、准备、评估、谈判、生效、实施，到机构安排、安全保障、财务管理、项目审计、绩效考核，事无巨细，面面俱到。本书详细介绍了浙江省住房和城乡建设系统与世界银行从结缘、磨合，到紧密合作、结出丰硕成果的生动历史，从一个侧面展现了世界银行的管理理念和方法。

本书还展示了我省小城镇环境综合治理各项目的特色和亮点。特别是在环境保护和城市发展发生碰撞时，钱塘江项目始终秉承“利在一身勿谋也，利在天下者必谋之”的理念，探索总结小城镇基础设施建设的投融资模式和可持续运维模式，为之后开展的“五水共治”、建设“美丽浙江”提供了示范和样板。本书也让我们看到了孜孜不倦的工匠精神，看到了移民安置的百转千回，也看到了中西方文化差异的些许趣事。在世行人员、建设人员和广大基层人民的共同努力下，一个个小城镇如钱塘江的浪花，项目的点点滴滴都凝聚着无限的智慧，闪烁着宝贵的经验和财富。

我省住房和城乡建设系统与世界银行合作项目的实践经历从大、中城市到小城镇，再到农村的重心转移，正与我国改革开放四十多年发展的光辉历程相吻合，也是我省快速城市化进程的时代缩影。

钱塘江项目，正是按照习近平总书记对浙江“干在实处永无止境，走在前列要谋新篇，勇立潮头方显担当”的新期望，沿着“千村示范、万村整治”的道路，坚持以“八八战略”为总纲，坚定不移持续推进美丽浙江建设的生动实践。

“良好生态环境是最普惠的民生福祉”，愿我们不忘小城镇环境综合治理的初心，在新的历史起点上致力于美丽浙江的“大花园”建设，谱写出波澜壮阔的环境保护新篇章。

值此新书付梓之际，向为项目成功实施付出艰辛努力和奉献的闫光明先生率领的世行项目团队，各级项目管理人员表示衷心的感谢，并致以崇高的敬意！

项永丹

2020 年 9 月

前言

当一个新时代来临，时间便有了不同寻常的价值与意义。在浙江经济求变求新的过程中，世界银行（以下简称“世行”）贷款浙江钱塘江流域小城镇环境综合治理项目（以下简称“钱塘江项目”）正愈发清晰地孵化着一个个传奇。

宝剑锋从磨砺出，梅花香自苦寒来。钱塘江项目从申请开始，历时9年，圆满完成。该项目总投资15.74亿元，其中世界银行贷款1亿美元，共建成1座垃圾填埋场、2座自来水厂、4座污水处理厂及配套管网工程，并对相关小城镇实施了环境综合整治提升，总受益人口数超过100万。项目完成后，所涉及乡镇的污水收集率从60%左右提高到80%～90%，垃圾收集处置率从77%左右提高到100%，基础设施水平明显提升。

2017年7月17日是一个特别值得欣喜的日子，美丽的杭州，阳光高照，妩媚的西子湖畔，万物葱郁，生机勃发，光荣与梦想接轨，让人回味，让人展望美好灿烂的未来。世行官员宣布了“钱塘江项目”的最终评价“Outcomes: highly satisfactory！”（结果评级：高度满意！）。“高度满意”，即世行对贷款项目结果评价的最高等级，这结果令人振奋和鼓舞，这是里程碑式成果！

“殊为不易！”这是浙江省33年来，所有世行贷款的30多个项目中，第一个获此荣誉的项目，就像一朵盛开的腊梅花，芬芳馥郁，朴实无华。

抬头仰望，星空灿烂，斗转星移间，总有意外惊喜。2018年6月4日，钱塘江项目又获世界银行2018财年“可持续发展领域副行长团队奖”，颁奖典礼于6月21日在美国华盛顿举行。当年全球仅15个项目获此殊荣。世行认为，钱塘江项目将城市基础设施可持续交付和服务的综合性方法成功地在小城镇开展试点，有效改善了钱塘江水质和流域的生态环境。

世行文件《项目实施、完工和结果报告》总结说，本项目的实施在有效改善钱塘江流域小城镇基础设施的同时，也为项目城市的管理者提供了获得更宽广的视野、更多国际经验和教训的极佳机会，为钱塘江流域乃至浙江省小城镇环境综合治理发挥了引领与示范作用。

浙江省城建环保项目领导小组办公室

2020 年 9 月

目　录

第一章 青山绿水从小城镇综合治理起步

生态文明建设的理念中蕴含着人类尊重大自然、顺应大自然、保护大自然，追求人与自然和谐共赢和绿色发展的崇高理想。绿色，生态，环保，象征着生命与发展，是对山川草木生命之延替的期盼，更是对人类经济社会可持续发展的永恒追求。

当今各种全球性问题中，环境问题备受国际社会的关注。环境是人类生存的空间，是人类生存和发展的必需条件，它为人类提供生活和生产所需的各种资料，消纳生活和生产排出的废弃物，更是人类生活和生产的场所。当下，环境问题已成为人、自然、社会之间多层次矛盾与各种利益矛盾的聚焦点，对人类生存与可持续发展提出了严峻挑战，成为一个全球性的时代问题与难题。

生态兴则文明兴，生态衰则文明衰。环境问题的严峻性和挑战性，迫使人们不得不重新审视和反思人、自然、社会之间的全面关系，反思物质文明、精神文明、生态文明之间的关系，遵循人、自然、社会和谐发展的客观规律；以人与自然、人与人、人与社会和谐共生、良性循环、全面发展、持续繁荣为宗旨，尊重自然、保护自然和生态环境，走资源节约、环境友好、生态平衡的可持续发展之路。这对正处于工业化和城镇化加速发展进程之中的浙江来说，尤为迫切、尤为艰巨。

水是生产之要，生态之基。随着经济社会的发展、工业化和城市化进程的加快以及气候变化带来的不确定性的增加，人类居住的地球出现了严重的水问题。在经济高速增长的中国，许多以秀山丽水为傲的宝地也出现了一些不良状况。自来水厂因水源水质下降，纷纷到远处引水。毋庸讳言，由于重经济发展、轻环境保护，清清绿水遭到了破坏。要想重现青山绿水，发动全民剿劣治污，已迫在眉睫，势在必行。

治水是一项民生工程，饮用水源保护则是民生中的民生。唯其治理难度大，更凸显长效治水、根本治水的迫切性。

治水兴水，时不我待。浙江，以水而名；文明，因水而兴；人民，依水而居。然而，天下至刚者莫若水，天下至柔者也莫若水。于是，我们看到了水污染的反复性和水治理的复杂性。特别是在当今中国，整个产业结构未根本转变、城市化快速发展之际，治水如何夯实阶段性整治成效，进入制度化自我良性循环的新境界，是一个时代课题。尽管经过多年的建设和发展，钱塘江流域县级以上城市基础设施建设总量有所扩大，运行能力也不断提高，但是截至2006年，钱塘江流域小城镇基础设施落后的状况依然没有得到根本改变，规划与建设的整体水平普遍较低，环境基础设施"欠账"十分严重。因此，补上这块短板，加强基础设施建设十分重要与紧迫。

浙江省委十一届九次全会强调，水资源是事关浙江省经济社会发展全局的战略性要素资源，要切实提高水资源保障能力，不能让水资源成为今后浙江省经济社会发展的瓶颈。虽然浙江省的水资源总量相对丰沛，但是水污染形势非常严峻，尤其是小城镇环境基础设施建设滞后，大量的小城镇污水任意排放，垃圾随意堆放的现象十分普遍，对生态环境（尤其是对水资源）构成了极大的威胁，已经严重影响了流域的经济社会的持续和谐发展。

2006年1月16—21日，浙江省十届人大四次会议在杭州举行。会议听取、审查吕祖善省长所做的《关于浙江省国民经济和社会发展第十一个五年规划纲要的报告》。该报告提出，"十一五"时期要深入实施"八八战略"，全面建设"平安浙江"，加快建设文化大省，坚持依法治省，扎实推进改革开放和统筹发展，促进经济结构调整和增长方式转变，努力构建社会主义和谐社会，实现经济社会又快又好发展，力争到2010年全省基本实现全面建设小康社会目标，为提前基本实现社会主义现代化打下坚实基础。2015年11月25—26日，中共浙江省委十三届八次全会做出了"坚决不把违法建筑、不把污泥浊水、不把脏乱差的环境带入全面小康社会"的重大决策部署。保护浙江母亲河钱塘江，随之被提上了重要日程。加强钱塘江流域小城镇环境基础设施建设是十分重要与紧迫的，也是提高钱塘江流域水资源保障的一项长期的基础性工作。

钱塘江项目将城镇基础设施可持续交付和服务的综合性方法，成功地在小城镇开展试点，有效改善了钱塘江水质和流域的生态环境，为人民美好生活添彩，写下了先行先试的壮美答卷。

第一节 钱塘江流域概况

浙江省位于东海之滨长江南翼，是一块璀璨耀眼的经济宝地，是一片豪迈的土地……有数不尽的来自上苍的馈赠和厚重的历史文化背景，闪耀着绚丽夺目的光彩。浙江简称“浙”，省会杭州。钱塘江是省内最大的河流，是浙江的“母亲河”，因其江流曲折，古称“折江”，又称“浙江”。省以江名。

钱塘江在浙江省境内干流长500余公里，流域面积约4.8万平方公里。钱塘江干流有常山港、衢江、兰江、富春江；主要支流包括江山港、乌溪江、武义江、东阳江、金华江、新安江、千岛湖、分水江、浦阳江。浙江省内钱塘江流经的主要市县包括：杭州市的市区、桐庐县、建德市、淳安县；金华市的市区、兰溪市、东阳市、义乌市、浦江县、磐安县、永康市、武义县；衢州市的市区、常山县、江山市、开化县、龙游县；绍兴市的诸暨市；丽水市的遂昌县。这方山清水秀的江南热土天下闻名，古老、美丽而又神奇。她依山、傍水、向着大海，从容、宁静而又激昂、澎湃，自古以来就在泱泱华夏占据着特殊地位。

钱塘江流域内城镇众多，人口集中，人口占全省总人口的30%以上。流域内土地总面积36801.76平方公里，约占全省土地总面积的36.2%。钱塘江流域是浙江省经济发展较快的地区，流域内GDP约占全省GDP总量的30%。这3个三分之一，表明钱塘江流域水环境的保护关系到千万人民的用水安全，对浙江经济、社会发展具有重要意义。

随着钱塘江流域人口的增加，社会经济的发展和城市化进程的加快，在诸多自然和人为因素影响下，水文条件、资源与生态环境特征不断发生变化，流域水资源与水环境安全受到威胁。

据统计，1991年，全流域15.5%的断面水质不能满足水域功能要求，这个数字到1995年上升为26.1%，到2001年升至49.2%，到2004年升至60%，水环境质量日趋恶化。2004年监测数据表明，杭州地区8个重要供水水源地，除淳安取水口和里畈水库外，其他均不符合地表水Ⅲ类水质标准。2004年7、8月份，钱塘江干流大面积藻类暴发，水生微囊藻数量高达18.9亿个/L（以细胞计），叶绿素a含量高。

造成上述情况的主要原因包括以下3个方面：①工业结构不合理，存在以造纸及纸制品业、化学原料及化学制品制造业和纺织业为主的结构性污染；②农业面源污染控制缺乏有效办法；③城镇污水收集、运输、处理系统建设严重滞后。"母亲河"承载了太多不应由她来负担的环境负荷，频发的死鱼事件、蓝藻事件，以及水葫芦的泛滥等一系列水环境污染的事件给生活在两岸的人们亮起环境污染的红灯，给以钱塘江为饮用水水源的沿江城乡居民的安全供水敲响了警钟。

为此，政府高度重视，于2005年7月12日发布了《浙江省人民政府办公厅关于进一步加强钱塘江流域污染整治工作的通知》，提出了钱塘江流域治污目标要高于其他流域、进度要快于其他流域、成效要好于其他流域的工作要求。钱塘江流域水环境整治是浙江省人民政府实施"811"环境污染整治行动的重中之重，直接关系到流域内1500多万人民群众的生产生活。在实施浙江城建环保项目的同时，浙江省人民政府通过加大环保工作的投入，于2007年在全国率先实现县县有城市污水处理厂的目标。城市环境基础设施水平有了很大的提升，小城镇、农村的水环境污染治理任务日益凸显。省政府提出，到2010年，全省300个中心镇、钱塘江流域和太湖流域沿江小城镇建成污水处理设施，并建成完备的污水收集管网，且达标排放。

进入21世纪，面对率先化解的"经济发展与环境保护"突出矛盾，浙江砥砺前行，扎实登攀。从"千村示范、万村整治"到人居环境改善，从"三改一拆"到"五水共治"，再到2016年9月开始的小城镇环境综合整治，浙江培育了美丽乡村、美丽小城镇、美丽县城等"两美"载体，创造性地打出了引领经济转型升级的组合拳。而钱塘江项目先行一步，为浙江省的"五水共治"、小城镇环境综合整治谱写了序曲……探索了可复制的示范路径。

钱塘江流域水资源保障是一项长期的基础工作，传统发展模式的转变并不容易，浙江的治水者还要加速奔跑，去拥抱更多大禹式治水精神和现代化治水思维，将治水进行到底。

第二节　与世界银行合作实施治理

面对环境保护的全球性难题，各国、各地区虽在经济发展水平、环境治理力度、具体施政措施等方面不尽相同，但大家的终极目标是一致的，即保护我们赖以生存的唯一的地球家园。几十年来，浙江先行先试，从绿色浙江到生态浙江、美丽浙江，“绿水青山就是金山银山”的科学论断深植人心，美丽城乡呈现神形兼备、丰盈充实的全域化格局。这种智慧和实践，至今一脉相承。

世行贷款侧重于支持发展中国家，期限长、利率低、投向明确且程序严谨。浙江省与世行具有良好的合作基础，30多年来贷款项目已达30多个，总额约27亿美元，形成了一大批经典案例。因此，钱塘江流域治理也首先考虑与世行合作。

1986年9月，世行代表团访问浙江。浙江省建设厅抓住时机，提出利用世行贷款支持城市基础设施建设的设想，并得到了世行的积极回应。双方合作进行杭州、宁波、温州、绍兴和衢州等地快速城市化发展挑战的调查研究。专题报告于1987年6月通过世行评审，1987年8月3日正式确定稿名为《浙江：快速城市化的挑战》，成为浙江省城建系统申请世行贷款的理论基础。报告指出，浙江省急需重点解决主要城市的供水、城市道路改善、土地开发（为保护绍兴古城）、交通管理（杭州市因西湖和其周边的低山形成的天然地理环境）、清洁生产环保基金、地理信息系统和规划管理等。据此提出世行贷款浙江多城市开发项目的申请，获得省政府、国家发改委和财政部的同意。经过6年的共同努力，完成世行项目前期准备，1993年3月25日项目获世行董事会批准，总投资2.2亿美元，其中世行贷款1.1亿美元，国内配套资金1.1亿美元。项目的成功实施，从根本上改善了杭、甬、温

3座城市的供水和宁波的城市交通状况，为绍兴历史文化名城保护腾出了新的经济发展空间。

2002年12月，启动浙江城建环保项目二期项目预评估。当时，浙江城市经济正处于快速发展中，进一步扩建基础设施的要求十分迫切，快速城市化和工业化增加了环境可持续性的压力。效率、公平、可持续性等广泛和实质性问题已经引起了政府的极大关注。二期项目总投资26.01亿元，其中世行贷款1.33亿美元（折合人民币11.04亿元），项目周期为2004年11月—2010年6月，包含8个子项目：杭州市第二垃圾填埋场工程、绍兴市城市基础设施改造工程、宁波市江东南区污水处理厂及配套管网工程、宁波市东钱湖环境整治工程、宁波市镇海污水处理厂及配套管网工程、宁波市江北区慈城环境整治工程、宁波江南污水处理厂和绍兴越王城修复整合项目。

两期世行项目的成功实施，一方面为我省城建部门搭建了一个利用外资的渠道，同时引进了国际先进的发展理念和成熟的经验，还培养了一批利用外资项目管理的人才。浙江多城市开发项目被财政部和亚太财经与发展中心确定为国际、国内培训的成功案例，作为成功利用外资的范例进行推广。浙江城建环保项目绍兴子项目被财政部和世行批准列入首批25个全球交付科学经典案例之一，向全球推广古城保护的经验做法。

为改善我省钱塘江流域小城镇水环境，2006年，浙江省住房和城乡建设厅筹划持续利用世行平台，确定对钱塘江流域小城镇环境基础设施进行专题研究。2007年完成《钱塘江流域小城镇环境基础设施建设专题研究》。

2008年初，围绕小城镇环境综合治理的“钱塘江项目”，省建设厅会同省发展改革委、省财政厅，联合向省政府提出了项目申请：利用世行贷款开展钱塘江流域小城镇环境综合治理。获批后，即上报国家发展改革委和财政部。正专注于小城镇、城乡一体化和新农村发展的世行，对此表达了积极的兴趣。同年7月，经与世行磋商、国务院批准，钱塘江项目被纳入国家2011财年世行贷款备选项目规划。

世界银行高级经济学家、项目经理白爱民说：“钱塘江项目是世界银行近年来在中国支持的城市发展项目之一，我们的重点逐步转向小城镇、城乡一体化和新农村发展方面。基础设施服务下一步要向小城镇延伸，这个项目的目标是协助浙江探索具有可持续性的服务提供模式和方法。”

2008年9月，省政府领导主持召开专题会议，确定项目布点安排原则，讨论落实支持政策。省项目办组织编制《世行贷款项目工作手册》《项目概要报告》，以及“项目综合可行性研究报告”（简称可研报告）、“环境影响评价报告”（简称环评报告）、“移民安置和社会评价报告”（简称移民和社评报告）等。

“世行可谓最严格的银行！”此次项目经历了几上几下，反复遴选……仅鉴别这一环节，世行就多次派团前来实地考察。对项目设计，世行鉴别团一连提出了6个方面的建议，包括项目设计创新、探索引入综合流域管理方式、排污权交易试点、机构和财务的可持续性、文化遗产保护、机构培训等。这让项目负责人真切体会到“每个项目的申报获批都是来之不易，连细节也核实得很清楚”。按常规程序，项目要进行前期审批，以及可行性研究、环境影响评价、土地审批、移民安置等调研，内容复杂，周期长，工作量大，需要细心、耐心和毅力。

省项目办会同各相关市县，积极作为，齐心协力。从调研破题、蓝图规划、项目鉴别等准备，到各个子项目的确定，从项目评估、采购代理选聘、资金申请、项目谈判，到贷款生效，每一步都扎实到位、做仔细、做周全……有力促进了项目的成功落实，使项目准备时间大大缩短。

2011年1月21日，世行执行董事会批准，为钱塘江项目提供1亿美元贷款，用于供水、污水及固体废弃物处理的建设投资，改善钱塘江流域小城镇环境基础设施。项目覆盖浙江省的8个县（市、区）的小城镇，资金用于自来水厂和供水管道、污水处理厂和污水收集管网、垃圾填埋场和垃圾渗滤液处理厂等工程项目建设，还为项目实施管理以及浙江省小城镇环境基础设施可持续发展提供技术援助。

在小城镇进行世行项目的准备和实施是一项很有挑战性的工作。世行项目争取难，实施更不易，且责任重大，影响面广，关系到国家形象，关系到政府信誉，关系到浙江今后申请世行项目的评级。每个世行项目取得的重大成就，都助推了全省综合实力、可持续发展能力、环境保护能力不断增强，人民生活环境和城乡面貌显著改善，各项环保事业加快发展。全体参与项目实施的人员恪尽职守，一丝不苟，谋全局、勇担当，奋力做好“实施”的大文章。

钱塘江项目的实施，促进浙江省钱塘江流域小城镇环境治理功能的提升，改善几十万城乡居民的饮用水供应，提高6个县（市、区）污水和垃圾的收集处理能力，对于改善钱塘江流域环境起到了积极作用，实现经济、社会和环境3个效益的有机结合。相关市县不仅可以发挥外资参与城镇基础设施建设的作用，更可汲取世行的先进理念和实践经验，提升各子项目单位的能力建设，确保项目产生的资产具有长期可持续性，为浙江省小城镇环境综合治理提供示范。

第三节　钱塘江流域小城镇概况

城镇化是现代化的必由之路，是我国最大的内需潜力和发展动能所在，对全面建设社会主义现代化国家意义重大。改革开放之初，我国城镇化率不到20%；到2015年，我国城镇化率达到56.1%。其间经历了全球规模最大、速度最快的城镇化过程，而涌现出的新问题也日益复杂、突出。城镇人口激增，带来健康挑战，交通、环保等基础设施建设和管理跟不上，教育、医疗、社会保障等公共服务能力不足，城市发展与文化保护存在冲突等。很多城市建设以“城”为中心，忽视了生活在城中的“人”。

我国制定的“十二五”规划明确了以可持续发展为目标的城乡建设要求，提出让一批小城镇优先发展为小城市，其他小城镇则要向着优美的环境、功能齐全的基础设施和便捷的交通条件发展。

浙江省小城镇发展取得了优异的成绩。整体看，浙江省小城镇人口不断增加，经济总量高速增长，且仍然保持了较为稳定的环境质量，人们的生活质量也得到了极大改善。但由于小城镇的工业化水平不高，企业以本地原料为主、非本地原料为辅，第三产业主要是服务业、饮食业和商业等。这些产业带来了显著的大气污染、噪声污染和水污染，有的地方相对严重。由于很多企业不够重视环境保护，“三废”排放未达标情况时有发生，对生态环境造成严重影响。

一、小城镇环境污染的原因

小城镇环境污染的原因主要包括以下3个方面。

1.缺少先进的技术和足够的资金。小城镇普遍存在工业布局不够合理的问题，对环境没有具体可行的规划，有的即使有规划，也未考虑城镇的功能特点和地理环境等因素。乡村的村办企业、大部分乡镇企业的技术水平和工艺设备比较落后，缺少完善的产品线和成套化技术设备。一些乡镇企业为了提高自身的工业化程度，忽视周边环境的承受能力，从城市接纳了重污染企业，如造纸、冶金和化工电镀等。由于资金问题，有的企业甚至没有防治污染的计划和设施，导致了污染范围大、污染点分散而难以治理等问题。环保投入不足，使许多改善环境质量的措施和亟待解决的重大环保工程得不到落实，城镇环保基础设施明显滞后于城镇化需要。这已经严重制约小城镇环境质量改善和环保事业的发展，使小城镇的发展优势不复存在。

2.环境管理体系不完善。对环境污染，相关的法律法规仍然需要完善和补充，部分法律法规的内容与市场经济体制尚不相符。部分企业环保法制观念不强，当地群众对于损害自己利益的环境违法行为感到漠然。另外，环境管理体制需要进一步理顺。不然，环保工作很难顺利开展。

3.环保执法仍需强化。小城镇的环保任务工作量很大，很多小城镇没有专门的环保监管机构，而一个监管机构往往要负责较大范围的监管工作，工作人员精力和时间有限，导致监管工作不到位。一些小城镇的执法人员由于综合素养不高，环境监管工作没有起到实质作用。一些重污染企业的管理人员与监管人员关系复杂，执法人员执法功能弱化。一些企业为了有更好的经济发展环境，花费大量的资金采购了净化装置；但部分企业实际上只是为了应付环保部门的监管，采购之后装置未正常运行。很多小城镇对生态环境保护做过规划，但是碰到经济发展问题，大多会采取“先发展，后治理”策略，很多影响环境的项目不受环境保护规划的约束，依然实施。环境保护政策在执行过程中受到许多人为因素的干扰，执行不到位，环保设施缺乏公众监督和舆论监督。

二、小城镇环境综合治理的紧迫性

钱塘江水系是浙江的生命线，钱塘江流域小城镇环境综合治理对浙江经济、社会发展具有重要意义。

1.**小城镇是城镇化的重要支撑**。小城镇是城市的重大组成基础，既是经济发展的结果，又是经济发展的动力。推动新型城市建设，需加快培育中小城市和特色小城镇，全面提升城市综合承载能力。党的十六大提出了全面建设小康社会的奋斗目标，要如期实现这个目标，统筹城乡发展、加快小城镇发展的步伐是关键。长期以来，“三农”问题一直是困扰我国经济发展、社会公平和实现国家现代化的核心问题之一，而推进城镇化是解决“三农”问题的根本出路和重要途径。推进城镇化健康发展，构建具有中国特色的城镇发展新格局，是贯彻落实科学发展观、全面建设小康社会的重要任务。钱塘江流域的农村人口，需要大、中、小城市和小城镇共同分流，这就决定了钱塘江流域实现城镇化的目标必须走大、中、小城市和小城镇协调发展的城镇化道路。

钱塘江流域内多数农民在搞好土地承包经营的同时兼营第二、三产业，相当数量的农村劳动力还不完全具备离开土地进入大中城市的条件。国家提出工业反哺农业、城市支持农村，一个很重要的着力点就是小城镇，小城镇以其门槛低及与农业、农村和农民联系更为直接的特点，在吸纳农村劳动力、推动农村经济社会发展中发挥着重要作用。因此，进一步加快钱塘江流域小城镇的建设和发展对促进城乡经济、社会和环境的协调发展，加快全面建设小康社会进程，构建和谐社会都具有十分重要的意义。

2.**环境基础设施是小城镇经济发展的瓶颈**。环境基础设施水平直接反映了城镇化和现代化的水平。作为小城镇经济发展的重要硬件支撑系统，环境基础设施在很大程度上决定了小城镇发展的容量与空间，也直接关系到小城镇的经济、社会发展及人民生活水平的提高。环境基础设施的完善程度是衡量小城镇投资环境和生活环境的重要标准，完善的环境基础设施可使小城镇吸引更多的投资和居住人口。未来发展小城镇的重点不在于增加数量，而是完善基础设施功能。

钱塘江流域大部分小城镇的环境基础设施尚无法满足小城镇发展的需要，大大降低了小城镇对农村富余劳动力的吸纳能力。小城镇环境基础设施建设中存在的问题已经严重影响到钱塘江流域小城镇的持续健康发展，也影响钱塘江流域农村城镇化的质量和水平。

钱塘江流域主要包括杭州、衢州、金华、诸暨、遂昌和龙泉等市县，共188个建制镇，12625个行政村。流域内县级以上城市基础设施建设总量有所扩大，运行能力不断提高，但小城镇基础设施落后的状况没有得到根本改变。截至2006年，钱塘江流域所有建制镇中，投入运行的只有污水处理厂10座，正在建设之中的污水处理厂有13座。与城市包括县城在内73%的污水处理覆盖率相比，小城镇的污水处理覆盖率仅为26%。大部分建制镇计划在2009—2012年建设污水处理设施。生活垃圾的污染也相当严重，无人收集、随意处置或简易处置生活垃圾的村庄有8080个，占钱塘江流域村庄总数的64%。流域内有约30个镇存在水源与出厂水质不安全问题，部分镇的供水设施不完善，存在供水安全隐患。根据2006年浙江省环境保护科学设计研究院《钱塘江流域水污染防治与生态保护规划》，从钱塘江流域水污染物等指标污染负荷调查中可知工业污染和生活污染仍是钱塘江流域中最主要的污染。只有少数建制镇建成镇级集中污水处理厂并投运，这些不加任何处置的大量污水直接或间接地排入钱塘江水体，成为钱塘江流域重要的污染源。据调查，工艺特别简陋、污染特别严重的企业极易在小城镇找到生存空间，这样不仅加剧了对钱塘江流域的污染，甚至有毒有害物质的排放危险进一步增大。

3.**小城镇环境设施管理机构和能力不足**。除了受财力限制外，从机构和技术角度而言，小城镇在管理城市环境基础设施方面的能力很有限。垃圾和污水管理机构都未企业化。有的地方污水处理费较低（0.40～0.50元/立方米），垃圾处理收费政策不完善，收费收入不足以支付垃圾收集和处置成本。城市环境基础设施的可持续运营面临挑战。

浙江省政府充分认识到这些挑战，并出台了旨在改善城市环境基础设施服务的相关规定，包括钱塘江流域“十一五”规划、生态省建设规划、“811”环保行动计划等。希望通过提供财政和技术支持，帮助县、镇进行城市环境基础设施投资，首要解决钱塘江流域的环境保护问题。小城镇环境基础设施建设的具体目标：到2020年，安全饮用水供给服务覆盖率达到100%，污水处理率达到70%，垃圾的卫生收集与处置率达到90%。

钱塘江项目以保护和改善钱塘江流域水环境质量为目标，重点突出钱塘江流域小城镇环境基础设施建设，提出小城镇环境基础设施规划、建设与运行管理的对策建议，为浙江省治理水环境提供示范。

第四节　钱塘江项目前期准备

一、设计原则

水环境质量直接关乎每一户家庭、每一个人的生存环境和生活品质。每人每天都要喝水用水，每家每户都要产生污水，因而治水这项工作自然也与每家每户息息相关，是一场需要全民参与的持久战，需要党委政府、企业市场、科研机构、家庭个人等各方力量同心同向，集众智、聚合力、齐动手。钱塘江项目针对所在地区的问题，通过政府各部门、专家与世行项目团队反复研究，共同确定项目设计原则。

1.**以人为本，协调发展**。以科学发展观为指导，坚持以改善钱塘江流域人们赖以生存的水环境为根本目标，正确处理经济社会发展与生态环境保护的关系。坚持以人为本，大力治理浙江省钱塘江流域内小城镇水环境，努力实现流域内社会经济发展与水环境保护协调发展，切实维护钱塘江流域广大人民群众的根本利益。

2.**统筹规划，分类指导**。坚持全局观念，按照浙江省小城镇建设“十一五”规划提出的流域内环境基础设施建设的重点和工作要求，从钱塘江流域整体实际出发，坚持统筹规划、突出重点、分类指导、分步实施的原则，选择重点区域进行突破，循序渐进地全面推进。在污染较严重的地区要加大治理力度，严格按照整体规划进行梳理，在此基础上提出项目的内容和目标。

3.**政府引导，市场运作**。政府加大投入，强化监管，发挥引导作用，提供良好的政策环境和公共服务。充分运用市场机制，发挥企业和社会组织的积极性与创造性，建立多元化的投资机制和实施有效的钱塘江流域小城镇基础设施运行管理机制。政府要在流域内水环境治理中起主导作用，为水环境的治理提供基础设施，保障财政投入，加强监管措施，创新体制机制，同时发挥市场调节作用，淘汰落后产能，改善投资环境。

4.**城乡同建，资源共享**。坚持城乡一体化经济社会发展的基本方略，在积极稳妥地推进环境基础设施建设的同时，充分发挥钱塘江流域小城镇环境基础设施对周边农村的辐射作用，将这些基础设施建设与钱塘江流域社会主义新农村建设紧密结合。

5.**科技引领，因地制宜**。大力加强科技攻关，认真做好引进、消化、吸收和创新工作，按照技术可行、经济可靠、综合治理和因地制宜的原则，合理选择钱塘江流域小城镇污水与生活垃圾处理技术。

二、考虑因素

项目要求从前期的准备开始以系统性的视角，统筹考虑各方面的因素。

1.**配套资金**。世行对项目资金，特别是配套资金能否实际到位和贷款回收的风险评估非常关注，对政府的财政状况进行审慎分析；对资金管理很严格，项目资金按规定不得挪作他用。

2.**规范管理**。世行对项目管理有一整套严格的政策规定。对于投资项目的采购，按货物、工程、非咨询服务和咨询服务四大类做了明确的规定，只有严格按照规定执行才能称为合格采购，签署的合同实施后才能申请世行贷款支付。贷款的支付遵照世行支付手册进行。关于合同变更，在超过合同价的15%时，需要报世行前审，其余世行后审。这套政策对改进我们的工程管理具有借鉴意义。

3.**生态补偿**。在供水项目中，要实施水源地保护措施，对库区居民的生计影响需要开展调查，以确定影响的严重程度。结合当地实际情况，建立水源地生态补偿政策，或者建立高效、安全、无污染的生态农业体系，政府需在此过程中给予政策、技术支持。

4.**临时用地**。对于污水管网和供水管网的敷设所需的临时用地，必须首先与土地户主协商，基于国家征地补偿标准，制定详细具体的临时占地补偿标准，确保不同受影响区域居民获得公平合理的补偿。土地临时占用的补偿费用要及时发放到居民手中，而且工程完工后确保居民的农业生产不受到影响。

5.**环境管理**。在进行供水和排水管网规划时，要充分结合地方特点，结合道路的规划，减少管网对城市道路的影响，避免规划不合理而破坏道路，或者因为管网的施工而影响道路的畅通。

对于城市主干道要尽量选择夜间施工，从而不会因为管网工程影响市民上下班。对于临时占用土地，应该对施工开挖的土壤有计划地分层回填，并尽量将表土回填表层。对于因施工而破坏的植被，待施工完成后应尽快恢复。控制施工过程中产生的扬尘和噪声。

在施工前要提前告知附近居民，协商以后才能施工。在进行有噪声污染作业时，要告知附近的单位和居民，并且告知工程的进度，向他们讲解为减少噪声将采取的措施，以得到他们的谅解，确保工程能够正常进行。如果因为施工给附近的单位和居民带来损失，要及时给予补偿。工程建设尽量使用当地的施工队伍和工人，一方面可以给当地人民提供就业机会，另一方面减少施工队伍的驻扎，也减少随之而来的生活垃圾、污水。

6.**运营管理**。对于供水项目，建议水厂招聘管网维护方面的职工，或者是与当地劳动力签订合同，确保水厂维修人员能够及时对管网进行维修和管理。

对于污水处理项目，首先要从工程上采取措施，减少污水对人以及动植物的影响，严格遵守污水处理厂安全防护距离范围内无人居住的原则；同时，要考虑地区的上下风向等特点，移民安置点应尽量避免离污水处理厂太近；注意管网的维护，控制噪声和蚊蝇对周边居民的影响；还应着重避免污水处理厂对周围耕作的农民及其作物产生的负面影响。

对于垃圾项目，将环卫责任落实到每一名环卫工作人员；实现垃圾清扫、收集、运输等工作环节的机械化、现代化；督促垃圾处理场采用先进工艺和程序处理垃圾，防止渗滤液泄漏、臭气、蚊蝇滋生、沼气迁移或爆炸等环境灾难；加强对城区居民的卫生素质教育，不随意丢弃垃圾，注意资源回收利用和分类投放。

三、政策建议

为了改善沿江居民的生活环境，完善基础设施，加强流域内水环境的治理，保证钱塘江流域内经济与环境协调发展，在项目进行中需要制定并遵循一定政策措施。

1. **加大投入，建立机制**。因钱塘江流域小城镇污水处理设施建设“欠账”多，应加大财政支持力度。加快调整投资结构及财政资金和国债的投入使用方向，把小城镇污水处理设施建设摆在应有的高度，加大对小城镇污水处理设施建设的资金投入，保证钱塘江流域小城镇污水处理设施建设投入有计划地稳定增长，适应钱塘江流域水环境保护的需要。制定小城镇污水处理设施建设投融资优惠政策，出台一些支持小城镇发展的投融资优惠政策，把企业、个人资金吸引到小城镇污水处理设施建设中。为保证投资者的利益，要加快建立和完善小城镇污水处理收费制度，逐步解决污水处理建设和运营经费问题，建立投资风险管理机制。

2. **调整结构，深化治理**。水体的自然净化能力是有限的，合理的工业布局可以充分利用自然环境的净化能力，变恶性循环为良性循环，起到发展经济、控制污染的作用。要按照循环经济理念，调整经济发展模式和产业结构，严格执行国家产业政策，鼓励企业实行清洁生产和工业用水循环利用，发展节水型工业。

对于乡镇的企业，鼓励其采用清洁生产工艺，进行工业布局和产业结构的调整，实现达标排放；加强环境监督，坚决制止焚烧秸秆的行为。关、停、并、转那些耗水量大、污染重、治污代价高的企业。要调整农业结构，淘汰费水的设施。

在工业污水治理上加大力度，严格控制工业污水的排放，坚持谁污染谁治理的政策，对于单位和企业的污水必须处理达标后才能排放到河流中。对于集中处理的污水，确定达到排放标准后才可以排放。要完善城市排水管网，将城市生活污水与企业污水集中处理。

3.**同步治理，减少污染**。农业生产污染也是钱塘江流域水污染的重要原因。农药、化肥等的不合理使用也增加了农业污染。农业部门要指导农民科学地使用农药和肥料等。要积极推广污染小的技术，争取将农业污染降到最低限度。在施肥方面，要结合当地的农作物种类以及土壤条件，选择合适的施肥技术；鼓励农民使用有机肥或者复合肥，这样不仅可以达到施肥的效果，而且可以改良土壤，使土壤更有肥力。在施用农药方面，要积极推广高效无公害的农药，减少农药对水体的污染，同时鼓励采用生物防治技术，通过低毒农药与生物防治的综合使用，提高农村的农药施用效率。让种植户充分了解到农药和化肥对环境的污染，从自身做起，改善生产条件。

4.**垃圾分类，资源利用**。在快速发展的社会中，垃圾产生量快速增多，垃圾回收利用日益重要，垃圾分类为垃圾的回收利用提供了条件，提高垃圾分类和回收利用率，能使垃圾处理减量。要广泛宣传垃圾分类和回收的益处，让居民能够自觉地进行垃圾回收工作，从而改善城镇居民的居住环境。政府要在治理垃圾等方面加大力度，通过建立法律法规规范居民的垃圾管理行为，同时要加强监管措施，提高垃圾资源利用率。

5.**环保宣传，深入人心**。钱塘江流域内居民对于水环境保护有着至关重要的作用，提高居民的环保意识可以改善水环境。要加大宣传教育力度，通过广播、电视等媒体倡导人们爱护环境，让群众意识到水资源的好坏与我们每一个人都息息相关。让居民了解污水处理设施有偿使用的基本道理，在村镇引入污水处理收费政策，从而增强居民珍惜资源、节水和保护水环境的意识，共同为改善钱塘江的水环境作贡献。

第五节　钱塘江项目的风险

项目在实施中会发生各种风险，包括项目准备阶段风险、外部环境和政策因素，应积极采取措施，保证顺利进行。

一、准备阶段的风险

1. **前期准备费用不足**。前期费用不足可能导致准备工作不充分。在项目前期准备过程中，没有足够的前期准备费用，可能导致前期准备工作无法按世行的要求和计划完成。

2. **子项目准备进度不同**。子项目准备进度不同影响整个项目准备的进程。钱塘江流域污水处理项目国内进度要求与世行项目实施时间衔接不好，将影响整个项目的进程。项目已纳入世行2011财年备选项目规划，按照世行可追溯一年的政策，则2009年下半年或2010年上半年开工的项目才可使用世行追溯性贷款资金。而《浙江省人民政府关于进一步加强污染减排工作的通知》（浙政发〔2007〕34号）提出，2010年底前，钱塘江流域直接面江城镇的污水处理厂要全面建成并投入运行。如果在时间上衔接不好，将影响全省整个打捆项目的进程。

3. **子项目的退出**。为抵御国际金融危机对我国的不利影响，2008年我国提出了进一步扩大内需，促进经济平稳较快增长的重大措施。到2010年底，国家财政约投资4万亿元用于进一步扩大投资、促进经济增长，其中安排的内容之一就是城镇污水治理、垃圾处理设施、污水管网，并要求优先安排目前在建或当年能开工的项目。为了加快项目实施的进程，有些世行贷款备选项目如得到上级财政和其他资金支持，可能会选择退出。

二、外部环境和政策因素

1. **工业污染的同步治理**。水质监测结果表明：钱塘江流域主要污染指标为化学需氧量（COD）、氨氮和总磷量（TP）。根据对流域点源污染与面源污染的统计分析，COD和氨氮的点源污染仍为主要污染，即工业污染仍是流域主要的污染源。

如果工业污染不同步治理，那么钱塘江流域环境综合治理目标将难以实现。

2.**垃圾处置收费政策的配套**。2008年10月浙江省物价局下发了《关于加快建立和完善城乡生活垃圾处理收费制度的指导意见》（浙价服〔2008〕326号），要求全面推行生活垃圾处理收费制度。但是，城镇生活垃圾处理收费制度还不完善，环境卫生基础设施仍主要靠政府财政拨款建设和运营，所以生活垃圾处理收费率低会影响垃圾处置项目的正常运行。

3.**污水处理厂的污泥处置**。污水处理厂的污泥填埋面临很多难题：①消耗大量的土地资源，不少城市很难找到新的填埋场。②产生大量的渗滤液，严重影响环境。一般污水厂污泥含水率均在80%左右，不符合《生活垃圾填埋场污染控制标准》（GB 16889—2008）的要求，影响填埋场的正常作业，加剧了垃圾填埋场渗滤液的污染。因此，污水厂污泥的处理面临着极大的挑战。

第二章

项目准备

浙江省住房和城乡建设系统与世行的第一次合作，发生在国家改革开放的大幕开启之时，第一个世行贷款项目为浙江多城市开发项目。第一次合作，双方经历了文化、理念、技术等全方位的8年磨合，才完成项目前期准备，真可谓万事开头难。由此体会到了世界银行被世人称为最严格银行的含义。第二个世行贷款项目是浙江城建环保项目，它作为与世行贷款协定约定的后续项目。从第一个项目关账日2001年6月30日算起，到2004年11月1日贷款生效，历时近3年半。虽然有两个世行项目的历练，但第3个项目在准备阶段仍遇到了一些新的挑战。当时，钱塘江项目作为省级打捆项目被国务院批准列入规划，明确了项目的方向，但因具体项目内容未确定，流域内项目资金选择具有灵活性，子项目进退不断，出现了难以打捆的局面。

第一节　项目鉴别

2008年7月18日，浙江省发展改革委、财政厅、建设厅联合向有关市县发出通知，征集世行贷款钱塘江流域小城镇环境综合治理备选子项目。随后，浙江省城建环保项目领导小组办公室（以下简称省项目办）分别赴杭州、金华、衢州等地，介绍世行贷款项目特点和要求等情况。各地上报项目的积极性比较高，共报项目46个，总投资34亿元，申请世行贷款2.45亿美元。申请贷款远超国家批准的1亿美元的额度。

一、确定项目准备框架

为做好项目选择，浙江省发展改革委、财政厅、建设厅共同商量，确定项目选择原则：①项目的实施有利于改善整个钱塘江流域的生态环境，地区分布应兼顾钱塘江流域的源头、上游、中游、下游；②每个子项目应有一定的规模，不宜太分散，考虑项目的社会经济效益和所在地政府财政的还款能力；③项目实施计划进度与世行贷款进度相衔接。2008年8月18日，向分管副省长汇报各地上报的备选项目情况，拟采取的行动计划（包括项目筛选原则和标准、对各地的调研指导计划、项目国内审批程序、世行项目前期准备程序），建立组织机构，前期工作经费的建议等。2008年9月9日，浙江省政府召开钱塘江流域项目专题会议，省政府办公厅和建设厅、发展改革委、财政厅、环保厅、国土资源厅等部门领导参加。会议讨论确定了以下事项：①项目布点安排原则要统筹兼顾、突出重点；②要加快推进项目前期准备工作，力争尽早获得世行批准；③省级有关部门要制定落实相关的支持政策，共同推动项目实施；④明确各有关部门的具体职责，加强协同配合，顺利按计划完成前期准备工作。

省项目办根据世行贷款项目要求的特点，整理了世行贷款项目有关的政策和指南，编制了《世行贷款项目工作手册》；组织培训和讨论，让参与项目的各市县深入了解世行项目的前期准备过程；积极与世行进行沟通，向世行说明项目前期工作计划和建议，要求世行尽早安排项目经理，并提供项目前期准备的资金支持。

2008年11月7日，世行明确白爱民（Axel Baeumler）为项目经理。省项目办即与白爱民经理取得联系，并请他提供一份前期准备计划、一份世行项目鉴别要求的项目概要报告提纲。2008年12月，白爱民经理提供了项目准备材料提纲和计划，省项目办与浙江省城乡规划设计研究院立即开始编制《项目概要报告》。

2009年2月，省项目办到申请项目的东阳、淳安、衢江、建德、诸暨进行现场调研，就项目概况、规划、筹资计划、实施期限、准备计划、环境、移民、土地、项目附加值和创新点进行深入探讨，于2月底完成《项目概要报告》的编制。

2009年3月9—13日，白爱民经理率领世行项目预鉴别团一行6人来浙江，对项目进行了预鉴别。通过5天的现场考察，预鉴别团就项目的目标、范围、领域，世行参与的理由，项目准备的挑战，下步工作计划等进行充分讨论，并达成了一致意见。

2009年6月23—27日，白爱民经理率领世行项目鉴别团一行7人，包括方奕翔（高级市政工程师/顾问）、闫光明（市政工程师）、纪峰（高级环境专家）、姚松龄（高级移民专家）、克努德（Knud Lauritzen，高级财务专家/顾问）、陈坤（翻译）来浙江，再次进行项目鉴别。鉴别团确认了项目背景、发展目标、项目范围、子项目选择标准、主要建议等。双方讨论了项目发展目标的可达性，确定了项目发展目标——改善小城镇城市环境基础设施，目的是通过完成实物工程的投资，并结合一个定义清晰的机构和部门改革议程，来建立一系列的“示范工程”。鉴别团强调了世行在中国其他省和国际上的经验：实物工程的投资需要一个战略改革的支持，因为实物工程无法确保投资的环境效益能够实现。世行支持浙江省解决全省小城镇城市环境发展挑战的策略。这是一项涉及保护钱塘江流域，特别是缓解小城镇市政基础设施相对滞后的民生工程。暂定13个子项目位于钱塘江流域的上游和中游，分布在8个县（市、区），总投资14.6亿元，其中包括世行同意贷款1亿美元，国内配套资金和世行贷款各占50%。建议的项目包括污水处理、垃圾处理、供水、文化遗产（重点是历史文化名镇的基础设施）4类。

二、选择项目内容

从各地申请世行贷款的46个项目（总投资38亿元）中选择上述子项目。世行认为，钱塘江项目的子项目个数在10～15个是合适的。随着项目准备的推进，世行要求对项目清单再次根据具体标准进行评估。鉴别团提供了评估的样本框架。同时，项目面临世行和国内项目准备计划不同步，以及项目县（市、区）能得到其他资金来源（包括经济刺激计划的资金）的可能，故存在子项目退出的风险，建议保留一份后备名单。世行从对项目的要求和认知出发，对项目设计提出了5个方面的建议。

1.**项目创新**。要求项目建议书应包含更多的项目设计的创新。在小城镇投资基础设施实物工程的同时，必须辅之以更广泛的改革举措，确保投资效益的实现。世行还强调，项目需要一个强大的机构以加强和培训子项目。

2.**探索引入综合流域管理方式**。钱塘江流域总面积约为5.56万平方公里，其中包括浙江省内188个建制镇和一些大城市。点源污染主要来自城市污水和农村生活污水，其排放量占整个流域污染负荷总量的50%。分散在整个流域的农村地区的非点源污染和从农田回流污染负荷，占总污染负荷的50%。点源污染已引起人们关注，188个城镇中的123个镇因没有污水处理设施，污水直接排放到小支流并流向钱塘江。钱塘江流域的非点源污染源还没有得到总体控制，最终也通过支流流入钱塘江，特别是在雨季。建议选择一个子项目城市/县进行综合流域管理的试点。

3.**排污权交易的试点**。2007年浙江省在钱塘江流域引入了排污总量的控制（如COD）。2009年3月，浙江省进行了排污权交易的试点计划。排污权交易由省环境保护厅负责，通过市环保局给县/市环保局分配总污染排放量。诸暨市和嘉兴市作为排污权交易的两个试点城市，交易的重点是工业企业。建议省项目办和环保厅探讨，是否将排污权交易这个工具作为广泛流域管理的一部分，或者单独选一个试点市/县并作为项目的一部分。

4.**机构和财务的可持续性**。由于城市基础设施的机构和财务的可持续性，是一项特别的挑战，建议研究改善现有的省财政投资支持项目的绩效监测评价体系。一个好的绩效评价体系，有助于确保省级财政资金投资目标的实现。

5.**保护文化遗产**。子项目清单中包括兰溪市的文化遗产保护投资。浙江省已经有浙江城建环保项目对文化遗产保护的成功经验，应在这个新项目中发挥重要作用。建议子项目最后的清单中，包括具体的文化遗产保护投资。新项目是一个文化遗产保护从大城市向更小和更偏远城镇扩展的极好机会。保护、利用好文化遗产功在当代，利在千秋。世行支持省项目办考虑更多这方面的投资。

第二节　项目准备

根据世行规定，项目需聘请独立的咨询公司来编制项目综合可行性研究报告、环境影响评价报告、移民安置和社会评价报告，供世行对项目进行预评估和评估。环评报告中需明确污水处理的出水标准、工业污染控制和省环保政策。移民和社评报告需按世行安全政策指南编制。

2009年7月30日，启动项目前期准备咨询公司招标工作，开始项目综合可行性研究报告、环境影响评价报告、移民安置和社会评价报告编制咨询公司的招标文件准备。白爱民经理提供了咨询公司任务大纲样本和指导意见。省财政厅安排资金，通过政府公开招标采购方式，于2009年9月11日聘请了国内3家咨询公司：中国水电顾问集团华东勘察设计研究院（简称华东院）和法国惠特咨询公司联合体承担综合可研报告的编制；华东院承担综合环评报告的编制；河海大学承担移民和社评报告的编制。

1.第一个世行准备团。白爱民、纪峰、姚松龄、闫光明、方奕翔、克努德、谢剑（高级环境专家）、陈熳莎和侯鹤（技术翻译）组成的世界银行准备团，于2009年9月7—15日访问浙江省。与浙江省城建环保项目领导小组办公室、省级政府机构（包括发展改革委、财政厅、环保厅、文物局、水利厅、人力和社保厅）进行了会谈，与国家开发银行浙江省分行和浙江省水业协会进行了会谈，实地访问了诸暨市、兰溪市游埠镇、衢江区、龙游县和建德市梅城镇。准备团对项目背景和目标、范围和投资、准备和进程、技术问题、钱塘江流域的水质、机构和财务分析、经济分析、环境保障、社会安全保障等9个方面进行了深入讨论和指导，并提出了详细的准备要求，为项目前期文件准备提供的详细指导意见包括附件共有70页，对于咨询公司编制的可研报告、环评报告、社评报告做了明确规定。世行准备团和省项目办对项目准备计划面临的挑战进行了深入分析。

挑战一：打捆项目变化大。部分子项目也是我省重大建设项目“三个千亿”工程，部分项目要在2010年初开工，时间非常紧迫。从2009年6月份的鉴别团到9月份的准备团，3个月内开化县、兰溪市诸葛镇、富阳市、江山市因获得了国内资金而决定退出世行项目。因此，世行准备团同意加快项目准备的进度，统筹安排世行资金、国家和省级财政资金、地方资金，使国内外资金发挥合力作用。

挑战二：项目创新课题研究的设定。世行期望项目成为流域治理的示范，建议做流域综合管理的探索研究。从整个钱塘江流域的角度分析环境现状，需要环保、水利等相关部门提供大量的基础数据，包括近期完成的研究成果，以及将要进行的研究计划等。省项目办认为，世行项目只是流域内环境保护的很小的一部分，项目的实施单位基本是建设部门，课题应在实施部门的范围内设定。

为应对因部分项目退出而无法用足世行贷款的问题，省项目办积极联系钱塘江流域内有关县市区（如余杭区、西湖区、义乌市、浦江县、龙泉市），征求他们的意向，终无合适的项目加入。

2.第二个世行准备团。2009年2月3日，世行准备团赴磐安县尖山镇，察看这个位于高山台地的污水处理厂的选址。随后，又到桐庐县江南镇考察项目。世行准备团对项目准备提出了一些建议和要求。已有项目总投资1.9亿美元，存在未能用足贷款额度的风险，需要继续找合适的备选项目。部分项目内容与目标符合性不足。龙游子项目范围为开发区，供水延伸到周围农村，符合世行的民生支持目标，需咨询公司与龙游项目办联系落实补充的材料。桐庐子项目与桐庐县的污水处理专项规划一致，因项目范围在江南镇，江南镇政府希望项目办设在镇政府，世行认为水价调整和融资需要县政府的统一协调，建议项目办设在县政府。

对于机构和财务安排，世行准备团明确了以下相关事项：①在可研报告中明确省财政资金对项目预算10%的支持政策。②明确供水价格和污水费标准的调整原则，实现项目成本覆盖率达到预定的项目绩效指标。③资金按世行贷款转贷原则、项目性质转贷。有长期自主收入的项目，如供水项目，应转贷到公司；没有自主收入来源的，如污水管网项目，最好由地方政府承担债务；中间情况是污水和固废公司，财务能力不强，希望能增强企业化，贷款到政府而不是公司。

第三节　项目评估

项目评估是由世行项目经理组织专家团队，对整个项目的综合可行性研究报告、环境影响评价报告、移民安置和社会评价报告进行预评估、评估的过程。

为做好项目评估的准备，省项目办与咨询公司共同努力，加快前期文件的编制，及时协调处理好相关未定问题。

一、项目调整及沟通

磐安深泽项目要求调整，原先的管道项目2015年前三分之二不实施。因此项目改为：2.3公里深泽溪整治＋两岸污水主干管；4.3公里长，宽25米的主路（含污水管、雨水管）；2×5公里从深泽去县城的污水输送管道。总投资约1.1亿元，比原投资增加4500万元。

桐庐项目组成仍未确定，难以按照原计划完成可研的编制。

龙游项目办设在龙游经济技术开发区管委会，桐庐县江南镇项目办设在镇政府。

针对以上项目调整，省项目办与世行项目经理保持密切沟通。2010年3月3日（星期三）收到白爱民的邮件。

尊敬的项目办主任：

非常感谢你对项目预期时间调查的答复。如你所知，我完全明白加快项目准备的必要性，在这方面我全力支持。我与整个团队进行了深入的磋商。由于这段时间业务繁忙，很遗憾在建议的时间段内，我们无法同时派出所有团队成员。具体来说，郭小薇、张芳（财务管理）、谢剑和姚松龄都无法参加，而纪峰则要晚到一两天。我知道小薇已经联系你并告知日程有冲突，你也同意评估团分开过来。

我们现在可以着手派遣一个包括我在内的代表团。方奕翔、闫光明、克努德和纪峰在3月22日到达，其余队员随后跟进（可能是4月5日那一周）。或者我们可以派遣一个人员更完整的评估团，从4月5日（除非4月5日不是工作日）到4月12日。我认为，一个更加综合的评估团是有好处的，这也符合你对评估团最好不分开的要求。请告知你希望我们怎么做。可否请你在明天之前告诉我你的意见，以便我能据此安排一切？

非常感谢你对酒店的建议。如果我需要你的支持，我会再联系你。

我们收到了你的备忘录评论，并将在下周早些时候发布管理层信函和备忘录。

一如既往，致以衷心的感谢和问候！

白爱民

省项目办当天给白爱民经理回复。

尊敬的白爱民先生：

非常感谢你对项目的支持，我完全理解你组团的困难。但为了加快项目的准备进程，我还是希望预评估在3月份进行。因此欢迎你和方奕翔、克努德、闫光明、纪峰先生一起，3月22日开始来浙江进行预评估工作。至于郭小薇、张芳、谢剑、姚松龄4人，我希望他们组团一起从4月6日开始来浙江进行预评估（原则上安排在杭州，只与省级有关部门和咨询公司讨论）。同时，我希望你把这次预评估需要参加讨论的单位及人员、有关需要讨论的主要问题，一起在邮件中告诉我们。

谢谢！

浙江省城建环保项目办公室主任

2010年3月5日，收到白爱民经理的邮件，确定预评估的时间是3月22—29日。

尊敬的项目办主任：

兹确认我行将于3月22日至3月29日派代表团赴杭州进行预评估。如前所述，我们将分队进行，3月份的团队将由我本人、方奕翔、闫光明、克努德、纪峰和张芳（财务管理）组成。纪峰将晚一点到达。由郭小薇、姚松龄和谢剑（待定）组成的第二个代表团将于4月（4月6日后）到达。

按照新的程序，请把财政局批准的项目授权书发给我们。

最迟我们将在下周中期向你方寄出一份提议议程。

我们期待着很快再次访问杭州。

致以热烈的问候。

白爱民

二、预评估准备

省项目办对需与世行面对面讨论确定的问题做详细分析。龙游项目预计理由的充分性是一个难点。另一个是技术援助问题，这是世行项目不可或缺的内容，世行对此特别重视，最终计划控制在贷款额的2%，即200万美元。

2010年3月10日，省项目办召开各子项目办、咨询公司参加的项目预评估准备会。按照世行项目预评估的要求，对照世行项目准备团备忘录提出的具体问题进行逐一讨论分析，明确职责，责任到人，其中3个报告（可研、环评、社评）分别由咨询公司负责完善，项目业主做好配合。有关国内政策的协调和资金落实等工作，分别由项目办按职能提前落实。3月22日，在杭州召开项目预评估启动会。首先，省项目办主任向世行预评估团介绍项目进展情况。然后，世行白爱民经理介绍世行管理层对项目的总体意见，以及预评估的重点问题等。随后，由可研报告编制单位介绍可研报告的内容。接着，省项目办、世行预评估团与省环保厅的代表讨论拟建项目的城镇污水处理厂需要执行的污染物排放标准。省环保厅规定在钱塘江流域的金华/衢州以上都执行一级A标准，即参照太湖流域的标准。项目中4个污水处理厂坚持提高标准的原因：去除生活和农业污染中的氮。虽然提高了处理成本，但是必需的。3月23—26日，世行预评估团分别到磐安县、龙游县、建德市现场考察项目，其余诸暨、兰溪、婺城、衢江、桐庐项目在杭州会议讨论。

三、预评估

这是世行项目前期准备的一个重要环节，主要是评估已经编制的项目可研报告、环评报告、社评报告的质量是否达到世行的要求。评估项目可研报告、环评报告、移民和社评报告之间是否一致。要求所有子项目核实投资，在项目文件中正确体现，需要公开披露的文件要实施公开程序。主要发现和讨论的问题如下。

1. **在新城区的投资**。世行赞赏龙游和桐庐经济发展规划，但建议分阶段实施。世行贷款集中投资于服务居民的相关基础设施，其他的投资则由县、市配套资金解决。世行同意当城市发展规划更清晰时，在项目中期考虑新增投资。

2. **世行贷款转贷**。同意按照正常程序将世行贷款从财政部经由省财政厅转贷到县财政局。关于进一步转贷，建议供水子项目签订“转贷分协议”，转贷至项目实施单位；对于其他子项目，即所有污水和垃圾子项目，建议签订“项目实施分协定”。

3. **机构加强和培训**。讨论得出了一个双方满意的方案，主要包括以下方面：为整个项目执行提供援助；支持省级已经同意的技术援助；满足项目县、市对机构加强和培训的要求。对于省级的技术援助研究，省项目办建议将重点放在钱塘江流域的小城镇环境基础设施的优化和绩效管理方面的研究。世行要求省项目办和所有项目县、市为组织培训和考察制定有针对性的计划，供评估时做进一步讨论。

4. **追溯性贷款**。预评估发现，很多子项目计划于2010年6—10月开工。世行同意通过追溯性贷款支持提前实施，但要求所有世行政策都能被满足。子项目办需要在省项目办和世行的指导下，编制各自追溯贷款计划，并着手相关合同的招标文件准备，完成后提交世行前审。

5. **可研报告**。世行肯定可研报告质量的提高，与华东院、惠特咨询公司讨论了在评估之前要完成的工作，最终报告需要反映所有收到的世行建议。为确保终稿的一致性和精准性，报告需要进一步完善。

6. **项目准备时间表**。再次确认项目准备时间表，以确保项目准备进度：评估时间为2010年5—6月，谈判时间为2010年9—10月，执董会批准时间为2010年11月。

双方认识到，要实现上述时间表是有很大难度的。要满足世行预评估期间提出的所有要求，并考虑国内审批程序，可能在评估和贷款谈判之间需要一段较长的时间（可达6个月）。为此，省项目办召开工作会议，落实有关问题的解决措施。①提高项目文件的编制质量。将这些项目可研报告的批复文件发送给可研报告、环评报告、移民计划的编制单位华东院和河海大学。要求他们根据批复文件，再次校对综合报告的所有数据，确保数据的一致性，使报告达到世行评估的要求。综合报告最终稿校对完成后，电子版报世行审查。②转贷安排。省财政厅外金处向厅领导做了专题汇报，同意世行的转贷安排建议。③追溯性贷款。为满足项目县（市、区）利用追溯性贷款的需要，省项目办与世行的采购专家、咨询单位及各子项目办进行了多次沟通，并举办世行项目采购培训，确定了采购计划和追溯性贷款计划。④技术援助和培训。原则上技术援助比例控制在2%以内，约200万美元。用于机构和财务加强、项目实施管理、《钱塘江流域小城镇环境基础设施项目布局、规划、统筹、建设和运行管理优化专题研究》、培训考察等4个方面。

四、评估

2010年5月31日—6月7日，由项目经理白爱民率领的世行评估团对浙江省钱塘江项目进行了评估，对衢江区、婺城区和兰溪市游埠镇进行了现场访问考察。评估团认为，项目的技术、机构、财务、经济、安全保障和采购等主要方面的准备进展顺利，完成了预评估团备忘录要求的重要行动事项。评估团备忘录列出了需要的进一步行动，一旦这些关键行动完成，世行将征求国家和省政府的意见，适时发出项目谈判的邀请。同时表示，评估和谈判之间还有相对较长一段时间，要省项目办尽快完成所有国内的审批程序。暂定的时间表：谈判时间为2010年9—10月；世行执董会批准时间为2010年11月；项目生效时间为2011年3月。

小城镇实施世行贷款项目是一项具有挑战性的工作。如兰溪市游埠镇是历史文化古镇，但不是经济发达镇，没有进行过系统的规划和保护，要实施世行项目，无论是资金还是技术都面临很大困难。省项目办从资金和技术上给予了较多的支持，使其能赶上整个项目的准备进度。

第四节　谈判和生效

为做好与世行进行项目谈判的准备，国内相关的审批工作需同步开展。浙江省发展改革委委托省发展规划研究院对项目进行评审，随后对整个打捆项目进行可研报告的批复，根据批复再向国家发展改革委上报《国际金融组织贷款项目资金申请报告》（简称资金申请报告）。省财政厅根据财政部对世行贷款项目的要求，启动项目财务评审，要求各项目市、县提供世行贷款还款承诺函。

为促进项目的顺利实施，省级财政为项目安排了5686万元专项资金，占总投资的4.12%。其中：供水项目补助资金1164万元，管网项目补助资金1182万元，污水项目补助资金3040万元，垃圾项目补助资金300万元。

为满足项目县（市、区）利用追溯性贷款的需要，省项目办会同华东院编制完成了项目实施计划和追溯性贷款计划，与世行的采购专家、各子项目办进行了多次沟通，提交世行审查确认。项目生效前开工实施的项目共有11个合同，合同额1.9亿元，利用世行追溯贷款1972万美元。在完成项目评估后，追溯性贷款合同开始实施，省项目办将龙游、婺城、兰溪、诸暨、游埠、江南子项目的追溯性贷款合同招标文件提交世行审查。至2010年8月17日，已经有龙游、游埠、婺城子项目的3个追溯性贷款合同的招标文件获世行批准。9月24日世行批准了诸暨供水厂追溯性贷款合同的招标文件。

按国家发展改革委的格式要求编制资金申请报告。在编制报告的同时，保持与世行白爱民经理的紧密联系，包括追溯性贷款合同招标文件的审查、项目监测指标的修改确定等。

项目的综合可研报告于2010年8月17日经省发展改革委批准，需要报国家发展改革委的资金申请报告草稿也编制完成。根据国家发展改革委的要求，上报时需要附上世行的项目评估文件（中英文）。

8月3日，收到白爱民经理关于项目谈判的材料，主要是贷款协定和项目协定草稿、项目评估文件、支付信。

9月7日，省发展改革委向国家发展改革委上报资金申请报告。国家发展改革委外资司仔细审查了报告，提出了修改意见，主要是两部分：①校对项目评估文件、资金申请报告与贷款协定之间的数据一致性；②项目中不能买小汽车和大客车，对工程用车的规格需细化；③细化培训考察计划。修改完成后再将文本报国家发展改革委。

10月19日，国家发展改革委批准资金申请报告，为项目的谈判做好了准备。

11月初，财政部和浙江省人民政府联合向国务院报送了《关于与世界银行谈判钱塘江项目贷款的请示》。经国务院批准，2010年11月18—19日，本项目的谈判在杭州金溪山庄举行。中方代表团由财政部国际司处长、资金支付官员，省财政厅金融处，省发展改革委外资处，省项目办，华东院的代表组成；世行由项目工作组组长白爱民、首席咨询官莫里斯、技术专家闫光明、技术专家方奕翔、高级财务官员欧利略及翻译陈坤组成。正式谈判前，世界银行将《贷款协定》和《项目协定》的草案发给省项目办。双方谈判时，对贷款的期限（20年）、宽限期（5年）、贷款利率、每年的还款日期、可利用的追溯贷款额度、各子项目的提款报账比例、还款方式、提交项目财务报表的范围、报送半年度的外部监测报告等内容进行了深入的研究，并提出了意见，经省建设厅领导批准后提交世行修改。《项目协定》是浙江省对项目实施向世界银行做出的承诺，主要内容包括项目实施、项目管理、机构建设、移民安置、环境保护、文化遗产保护、大坝安全、项目监测和绩效考核、报告编制、项目采购等。双方就《贷款协定》和《项目协定》达成了以下一致意见。

（1）每年的还款日期为3月15日和9月15日。

（2）追溯性贷款的合格支付金额为2000万美元。

（3）除咨询服务和培训支付比例为100%外，各子项目贷款的支付比例为：诸暨68%、婺城94%、建德70%、梅城77%、衢江73%、兰溪游埠64%、磐安尖山76%、磐安深泽和云山63%、桐庐江南64%、龙游62%。

（4）项目的关账日期为2016年12月31日。

（5）项目的《环境管理计划》和《移民安置计划》将每半年报送一次进度报告，《大坝安全报告》每年报送一次进度报告。

（6）桐庐县江南镇的污水管网项目不要求提供行动方案，因为该项目不涉及污水处理厂建设。

（7）明确了经审计的财务报表的报送范围仅包括子项目公司的供水或污水处理业务。

（8）贷款产品的选择。本项目选择以伦敦同业银行拆借利率为基础的美元浮动利差贷款，附加所有转换条件，本金还款方式为年金法，还款期20年，宽限期5年。先征费从贷款资金中支付。

由于前期的准备工作比较充分，谈判进展顺利。谈判结束后，由外资处与世行签订了《贷款协定（草案）》，经世行董事会审核批准。2011年3月3日，由财政部国际司陈诗新副司长代表我国政府与世界银行中国局局长罗兰德正式签署本项目的《贷款协定》，由浙江省人民政府副省长陈加元与世界银行中国局局长罗兰德签署《项目协定》，这也意味着钱塘江流域小城镇环境综合治理项目正式进入实施阶段。《贷款协定》和《项目协定》签署后，2011年4月13日，财政部与浙江省签署了转贷协议，财政部副部长李勇与浙江省人民政府副省长陈加元分别在转贷协议上签字，浙江省财政厅副署。

为了进一步加强政府外债资金和项目的管理，使钱塘江流域钱塘江项目顺利实施，实现我省政府外债“借得来，用得好，还得起”的目标，根据《贷款协定》中规定的贷款提款报账生效条件，2011年4月29日，省财政厅和省建设厅在杭州召集桐庐、建德、兰溪、龙游、磐安、诸暨、衢江、婺城等8个项目县（市、区）政府的领导、财政局局长、项目管理办公室负责人，举行集中签约仪式，省政府办公厅、省财政厅、省建设厅领导分别与8个子项目县（市、区）人民政府签署贷款的《再转贷协议》和《项目执行协议》。

《再转贷协议》根据《贷款协定》和财政部与我省签署的《转贷协议》的相关要求，将贷款资金分配落实到8个项目县（市、区），并规定了贷款使用、还款条件、每年还款的日期、利率、先征费的分摊、违约责任、汇率和利率风险、提款签字人的确定与报送、美元专用账户的开设与管理、偿债责任的落实、项目配套资金的筹措，以及《项目进度报告》《项目年度审计报告》和有关财务报表的报送等事项。同时，《再转贷协议》还规定如果相关子项目变更所有权或经营权，如合资、合作、股份化改革或经营权转让等，必须事前征得世界银行、财政部的认可和批准。省财政厅有权随时检查项目的执行情况、贷款使用和偿还情况。对《贷款协定》和《项目协定》的修改应通过财政部进行，对于不涉及协定修改的建设方案调整，应在获得国内主管部门和省财政厅的批准后方能正式提交世界银行，并抄报财政部。

《再转贷协议》由省财政厅与各子项目县（市、区）政府签署，县（市、区）

财政局副署。另外，根据世界银行的要求，对于诸暨市青山水厂供水项目和婺城区莘畈水库供水项目，诸暨市财政局代表诸暨市政府与诸暨市水务集团签署《再转贷协议》，婺城区财政局代表婺城区政府与莘畈水库签署《再转贷协议》，以进一步明确还款责任主体。《项目执行协议》由省建设厅与各子项目县（市、区）政府签署。《再转贷协议》和《项目执行协议》的签署完成，标志着该项目前期工作完成，进入全面实施阶段。

2011年5月6日，世行贷款生效。世界银行高级基础设施经济学家、项目经理白爱民在贷款生效时满怀信心地说："这个项目是世界银行近年来在中国支持的城市发展项目之一，我们的重点从城市逐步转向小城镇、城乡一体化和新农村发展方面。基础设施服务下一步要向小城镇延伸。我们这个项目的目标是，协助浙江探索具有可持续性的服务提供模式和方法。"

第五节　项目评估的报告

世行对项目评估要求的报告包括：各个子项目的可行性研究报告、环境影响评价报告、移民安置和社会评价报告；打捆项目的综合可行性研究报告、环境影响评价报告、移民安置和社会评价报告。子项目的可行性研究报告、环境影响评价报告，由子项目办负责编制，分别报当地的发改局和环保局审批。打捆项目的综合可研报告、环评报告、移民和社评报告，以及子项目的移民和社评报告，由省项目办负责编制，用于世行项目评估。

一、可行性研究报告

可行性研究报告是项目评估前，通过对与项目有关的市场、资源、工程技术、经济和社会等方面的问题进行全面分析、论证和评价，从而确定项目是否可行，选择最佳实施方案的工作。经招标，由华东院承担整个打捆项目的综合可行性研究报告编制任务。在研究院专家的努力下，2010年7月完成。项目综合可行性研究报告包括两部分内容：项目总体层面的执行总结；具体各子项目的可行性研究。

项目总体层面内容，包括项目区域的人口预测、供水子项目、污水子项目、固体废弃物子项目综述；投资和采购计划；机构和财务分析，包括机构安排与融资计划、财政影响分析与财务可持续、贷款偿还等；征地与移民；环境保护与节能，对项目区环境的概况、环境影响做概述和评价，对环境管理计划做摘要，对节能方面做分析研究；经济评价，包括投入产出效益分析、支付意愿调查、经济评价等。

11个子项目的可行性研究，包括项目城镇概况和现状，项目城镇的规划，人口与水量（垃圾产量）预测，项目目标和内容，采购与费用，机构和财务分析，征地与移民，环境保护与节能，经济评价等。

2010年6月，世行对钱塘江项目进行了正式评估。评估会后，各子项目单位根据实际情况提交了更新后的子项目资金方案。

二、环境影响评价报告

经招标，华东院承担项目综合环境评价报告的编制，并于2010年6月15日完成报告。环评报告从9个方面对钱塘江流域小城镇的环境进行了综合评价：①项目的综合背景和项目环境影响评价的背景；②政策、法律、行政管理框架，内容包括环境机构与职责，相关法律和法规，世行安全保障政策，环境、健康与安全政策，环境政策框架等；③区域自然环境、社会环境概况，现有污染源调查，钱塘江污染负荷及水质现状，流域环境特征等；④环境影响预测及减缓措施，具体内容包括环境影响筛选，主要预期效益，各子项目的移民安置、生态、文化等影响分析及减缓措施，施工期环境影响分析及减缓措施，营运期环境影响分析及减缓措施等；⑤供水项目、污水项目、污泥处置和固废处置项目、垃圾渗滤处置的替代方案比选分析；⑥污泥管理和处置计划及对环境的影响和减缓措施；⑦垃圾渗滤液管理和填埋气体环境管理；⑧公众咨询和信息公开；⑨环境管理计划（EMP），包括环境管理体系、环境监测计划、培训计划、环境风险管理、环境管理计划实施预算和环境管理计划的信息管理。

报告认为，根据《钱塘江流域水污染防治“十一五”规划》，钱塘江流域水污染防治“十一五”规划的总体目标是对钱塘江流域重点区域、重点行业和企业开展综合整治，控制污染物排放总量，强化环境执法和监督，有步骤、有计划地实施一批环境保护和生态建设重点工程，建成沿江各县及县级以上城市的污水、生活垃圾集中处理设施，以及环境质量和重点污染源自动监控网络。

根据《浙江城市建设统计年鉴（2008年）》，钱塘江流域2008年城镇污水排放总量为24.82亿立方米，污水处理率为73.12%，其中城市污水处理率为75.10%，县城污水处理率为63.11%。显然小城镇的污水处理率不高，已成治理污染的重点。综上分析，为进一步改善钱塘江流域地表水环境质量，在对钱塘江流域小城镇生活污水、生活垃圾进行治理的同时，建议从如下方面进行全方位的流域污染治理、控制：加强钱塘江流域内面源污染的治理和控制，尤其是氨氮污染物；考虑从农业面源污染角度提出可靠的污染控制措施，如农药和化肥的施用控制以及农村畜禽养殖污染治理等。

根据对污水处理厂和垃圾填埋场的调查，对流域内小城镇污水处理及垃圾处置的运营管理提供技术援助，确保钱塘江流域内环境污染治理设施（污水处理厂、垃圾填埋场）可靠、有效地运行。各子项目在施工期间，将产生一定的临时性影响，但这些影响均可以通过适当的措施予以缓解。具体影响包括：对垃圾填埋场附近地区居民的环境质量产生一定的影响，包括气味、噪声、视觉、空气污染、环境卫生和地下水污染等；污水处理厂恶臭影响和污泥处置不当产生的二次污染；垃圾填埋场渗滤液处置不当产生的环境风险。其中，重要的环境风险是通过渗滤液污染地下水，垃圾渗滤液未经处理直接排入水体以及填埋区填埋气体发生爆炸等。报告明确指出，通过对建德市、衢州市衢江区、磐安县、龙游县、桐庐县和兰溪市废水的收集，以及污水处理厂的建设，减少污染物的排放量，以削减钱塘江的污染负荷，从而有利于钱塘江水质的进一步改善。

根据世行安全保障政策要求，至2010年4月，共完成了12个子项目的环境管理计划：《桐庐县江南镇污水管网工程环境管理计划》《建德市城东污水处理厂二期工程环境管理计划》《建德市垃圾填埋场梅城处理中心项目环境管理计划》《诸暨市青山水厂及配套管网工程环境管理计划》《金华市婺城区汤溪水厂及供水管网工程环境管理计划》《磐安县尖山污水处理厂（一期）工程环境管理计划》《磐安县深泽环境综合治理项目环境管理计划》《磐安县安文镇云山片区污水管网工程环境管理计划》《龙游城北区域给排水工程环境管理计划》《兰溪市游埠镇污水处理（一期）工程环境管理计划》《兰溪市游埠镇古镇基础设施建设项目环境管理计划》《衢州市城东污水处理厂及配套管网工程环境管理计划》。

三、移民安置和社会评价报告

经招标，河海大学移民研究中心负责项目移民安置和社会评价报告的编制。该中心的专家和工作人员组成社会评价与移民安置计划调研组，于2009年9月—2010年3月赴项目县市，对项目建设可能带来的经济影响、社会影响和文化影响等各方面进行调研，包括项目区的生产、生活水平和社会经济发展水平，公共服务（供水、污水处理、垃圾处置）价格及其支付能力与支付意愿，社会保障系统（被征地农民基本生活保障、城乡低保、民政救助）的运行状况，各项目县市执行机构的能力等。根据调研结果，2010年6月5日撰写了《钱塘江流域小城镇环境综合治理项目社会评价报告》。

报告内容包括社会评价的任务和目标、评价的依据、工作范围和主要内容等，具体包括项目区社会经济背景，如项目区儿童、流动人口、贫困人口、少数民族的概况，征地拆迁直接影响区和项目受益区，城市规划和相关政策对项目的作用和影响等。项目的社会影响分析包括对区域经济、居民收入及分配、就业、基础设施与社会服务、城市化、弱势群体、支付意愿与支付能力等经济方面的影响，对社会环境、文化遗产、宗教、祭祀设施等社会层面的影响，对环境及其他的影响。社会相互适应性分析包括不同利益相关者与项目的相互适应性，项目与当地组织、社会结构的适应性，项目与当地技术、文化条件的适应性等。社会风险分析包括项目前期、施工期和运营期的社会风险，对这些社会风险的规避或防范措施。项目可持续性分析包括社会效益、财务、技术和机构、经济4个方面。从负面影响减缓计划、利益增强计划和利益相关者参与计划3个方面阐述社会管理计划，从机构安排、资金预算安排和突发事件预案3个方面实施社会管理计划。报告的结论与建议包括以下几方面。

1.**项目建设将促进当地可持续发展与居民生活改善**。项目县（市、区）由垃圾/污水形成的环境问题已日益突出，垃圾/污水不仅影响环境卫生、传播蚊蝇类疾病，而且在吸引投资方面也十分不利。项目的建设不仅可以改善居民的生活环境，减少疾病传播，促进公众健康，提高居民生活质量，而且可以大大改善投资环境，对当地的经济发展起到推动作用。推动项目县（市、区）公共事业的发展，有利于相关小城镇建设成为浙江省生态卫生城镇、绿色小城镇。供水项目可以保证农村和集镇居民获得稳定、优质的自来水，也可以提高工业企业的供水能力，促进地方经济的发展。

2.**项目区居民对供水项目的支持**。居民对管网的敷设没有太大的意见，已经充分认识到，目前的水质对人体健康的影响，尤其是部分农村地区的水环境受到严重破坏，饮用地下水也对人体健康造成威胁。饮用水保护区的居民希望政府能够提供一些发展机遇，以弥补他们因为保护水源而受到的一些约束。受临时占地影响的农民，只要得到合理补偿，而且完工后可以继续耕种的话，他们也没有意见。

3.**项目区的居民对污水厂项目的支持**。居民已经认识到：污水散发的气味对人体健康构成危害；污水得不到处理会滋生蚊蝇，传播疾病；污水会对河流、土壤及地下水造成污染。污水处理厂周围的村民对该项目有一点担心，比如污水处理过程中产生的气味，以及污水有可能对当地的地下水造成污染。他们希望项目的建设和将来的运营都尽量减轻对他们的负面影响。他们能够认识到：污水处理厂是城市的基础设施，其建设和运营对本地经济的发展也有利。因此，他们支持该项目的建设。

4.**项目区居民对垃圾处理场项目的支持**。这主要由于居民对垃圾给环境造成的不利影响有共同的认识。垃圾散发的气味对人体健康构成危害；垃圾随处堆放滋生蚊蝇，传播疾病；垃圾对水源及土壤造成污染。垃圾中有毒有害的成分若不进行无害化处理，则后患无穷。居民的这些认识促使他们大部分支持项目的建设。

垃圾处理场所在地周围的村民虽然也支持这个项目，但还是存在顾虑。他们担心一些问题，诸如垃圾运输和处理过程产生的气味，垃圾也可能带来老鼠和蟑螂等有害动物，所以，他们寄希望于垃圾处理场能够按照现代化要求设计好、建设好，不给他们带来不利影响。

5.**征地、移民的风险**。移民是受项目影响的直接对象。他们受到项目建设的影响最大，却未必能享受到项目建设带来的直接收益。本项目建设产生的移民数量不多，移民中不存在少数民族家庭，受影响的弱势群体少。社会调查结果显示，移民对在自己生活的土地上建垃圾处理场/污水处理厂并不是很情愿，可也都表示愿意为了国家的建设和项目县（市、区）的发展做出牺牲，同时也希望能够得到政府的关心，得到合理的补偿和妥善的安置。对于项目所带来的移民风险，已经由具有相关经验的专家、咨询机构，按照世行和中国的移民政策法规编制了本项目移民安置计划。在项目的设计和项目准备过程中，经过社会评价机构、移民安置机构、可行性研究机构和环境评价机构的合作，对垃圾处理场/污水处理厂的选址进行了优化，尽可能减少移民和减小对场（厂）址所在地村民的影响。需要严格按照法定程序，在公众广泛参与的基础上制定安置方案。因此，移民风险属于可以控制的范围。

6.**弱势群体风险**。供水、污水处理、垃圾处理项目征地拆迁，直接影响的弱势群体较少。如子项目有影响到弱势群体时，都由移民安置计划专家提出了相应的安置措施，对弱势群体的影响属于可控制的范围。同时，垃圾处理场/污水处理厂建成后，将提高垃圾/污水处理收费，而除婺城区以外的各子项目县（市、区）都没有出台专门针对弱势群体的垃圾处理收费的具体优惠政策，因此，项目有可能会加重弱势群体的生活成本。

7.**信息传播与公众参与**。各子项目办均进行了项目前期的公众参与工作。多次征求县（市、区）人大、政协、群众团体、项目区被征地拆迁居民等对项目移民安置工作的建议和意见。当地居民表现出积极的参与热情。但是，污水处理厂址所在村组没有能够完全参与项目的整个过程，对项目的一些细节问题并不了解，只知道污水处理厂有可能要建在该村，参与程度不够。

8.**环境对健康的影响认识**。公众对污水与健康的关系已经形成共识，认为污水对健康产生很大的负面影响，给人们的生活造成很大的影响。居民一致认为，垃圾中的有害物质渗入土壤，污染土质和地下水；焚烧垃圾产生的有害气体会直接或间接威胁人体健康。对于尚未使用上自来水的居民而言，饮用井水和河水会对他们的身体健康造成很大的威胁。尤其是在当前农村污水收集系统不完善的情况下，饮用非自来水可能会给居民带来疾病。项目区居民日益提高的环境意识，也正是项目获得广泛支持的基础。

9.**不直接影响少数民族**。项目征地拆迁工作不直接影响到少数民族。项目区内主要受影响的是散居的畲族。其生活方式已经同汉族居民一样，不会受到特别的影响。

10.**妥善安置受拆迁房屋影响的村民**。对于受拆迁房屋影响的村民，在安置点选择上，尽量选择本村，减少其社会网络的改变。本村不能安置的，应选择基础设施完善、便于农田耕作或寻找新的工作机会的地区。项目各县（市、区）正在开展新农村规划，安置过程可以结合新农村规划进行，改善居民的居住条件。在搬迁问题上，先建后拆，及时足额发放补偿费，减少村民搬迁过渡期的风险。

11.**妥善安置受征地影响的村民**。加强基础资料收集，对当地社会经济现状和未来发展做深入分析，结合当地实际制定切实可行的被征地村民的安置行动计划。建议对于受征地影响的村民进行技能培训，帮助其进入企业工作。对于项目施工及运营期的就业机会，项目业主可以优先考虑征地或拆迁村民，给这部分人提供工作机会，尽量减少征地对这些村民造成的损失。

12.**妥善处理坟墓搬迁**。建议在处理兰溪尖山的坟墓迁移中，尊重当地的一些特别的风俗，与家属协商迁坟的仪式、时间，新坟墓的地址。

13.**建立符合当地实际的水源地生态补偿政策**。在实施水源地保护措施后，对库区居民的生计影响需要开展调查，以确定影响的严重程度。结合当地实际情况，建立水源地生态补偿政策；或者建立高效、安全、无污染的生态农业体系，政府需在此过程中给予政策、技术支持。

14.**妥善处理临时用地问题**。污水管网和净水管网的敷设，都要使用临时用地。为了规避社会风险，必须首先与临时用地的户主协商，基于国家征地补偿标准，制定详细具体的临时占地补偿标准，确保不同受影响区域居民获得公平合理的补偿。土地临时占用的补偿费用，要及时发放到居民手中，而且工程完工后确保居民的农业生产不受影响。

15.**加强公众参与**。积极鼓励公众参与，加强信息披露，接受群众监督，建立内部和外部监测以及高效、通畅的反馈机制和渠道，以保障工程实施过程出现的各种问题得到及时的解决。特别是在收费环节，通过听证获得较为一致的共识。通过电视、报纸、橱窗等媒介，介绍项目进展情况，宣传良好的卫生习惯和生活习惯，监督居民爱护环境卫生，培养良好的公德意识，使他们的环保行为不仅仅停留在口头上，而是付诸行动。

16.**配套设施**。对于垃圾项目还需要建设一些配套设施，如6个乡镇修建 6 处垃圾中转站，每两座中转站分别配置一台压缩车及20辆垃圾收运三轮车。一方面可以流动收集垃圾，另一方面可以减少垃圾运输产生的二次污染。在垃圾处理场附近挖截洪沟，避免洪水威胁，减少垃圾场运营成本，同时将截洪沟的水导入下游渠道或者水塘以作为水源。

17.**合理确定收费标准**。在垃圾处理场、污水处理厂试运行一段时间后，让当地居民感受到环境状况的改善，再制定合理的收费办法并实施。收费根据社会经济发展水平和居民收入提高情况，逐步提高，不要一次提高过多。制定具有可操作性的针对弱势群体垃圾或污水处理收费优惠政策，可以实施减免或者年终一次凭证返还政策。做到全面、彻底，将垃圾处理费的征收工作落实到户，明确告知居民，原来交的垃圾处理费的主要用途，将来新增加的城市生活垃圾处理费主要用于何处，让居民知道费用的收取是“取之于民，用之于民”。

18.**加强项目建设期间的管理**。严格按照项目设计方案进行施工。污水、供水管网敷设，应更好地结合城市道路的建设，尽可能减少对城市交通的影响，降低因管道或其他设施不配套而造成的对已建道路的开挖次数，减少投资或管道施工带来的交通不便、环境影响等不良因素。对于交通特别繁忙的道路，要求避让高峰时间（如采用夜间运输，以保证白天畅通）。对于临时占用的土地，应该对施工开挖的土壤有计划地分层回填，并尽量将表土回填表层。对于因施工而被破坏的植被，待施工完成后应尽快恢复。控制施工过程中产生的扬尘和噪声。施工单位还应与沿线周围单位、居民建立良好的社区关系。对受施工干扰的单位和居民，应在作业前予以通知，并随时向他们汇报施工进度及施工中对降低噪声采取的措施，求得大家的共同理解。对受施工影响较大的居民或单位，应给予适当的补偿。另外，工程建设尽量使用当地的施工队伍和工人，一方面可以给当地人民提供就业机会，另一方面减少了施工队伍的驻扎，也就减少了随之产生的生活垃圾、污水。

19.**加强项目的运行和管理**。自来水管网的维护和水厂的社会服务，是水厂实现可持续发展不可缺少的重要条件。建议水厂招聘管网维护方面的职工，或者是与当地劳动力签订合同，确保水厂维修人员能够及时对管网进行维修和管理。对于污水处理厂的运行，首先从工程上采取措施来减小污水对人以及动植物的影响，其次严格遵守污水处理厂安全防护距离范围内无人居住原则，同时考虑地区的上下风向等特点，移民安置点应尽量避免离污水处理厂太近；注意管网的维护，控制噪声和蚊蝇对周边居民的影响；还应着重避免污水处理厂对周围耕作的农民及其作物产生的负面影响。对于垃圾项目的运行和管理，将环卫责任落实到每一名环卫工作人员；实现垃圾清扫、收集、运输等工作环节的机械化、现代化；督促垃圾处理场采用先进工艺和程序处理垃圾，防止渗滤液泄漏、臭气、蚊蝇滋生、沼气迁移或爆炸等环境灾难；加强对城区居民的卫生素质教育，不随意丢弃垃圾，注意资源回收利用和分类存放。

20.**促进减贫**。通过项目投资的建设活动，尤其是有针对性地优化项目建设实施方案，可以为贫困者创造一系列的就业机会，使他们脱贫致富，降低自然、经济和社会风险对他们的影响，取得长远的扶贫效果。针对减贫，还可以采取以下措施：①对垃圾处理场/污水处理厂所在村庄的弱势群体的保护。项目征地拆迁中如果直接影响到弱势群体，则须按照社会评价报告和移民安置计划中提出的安置措施予以安置，同时仍然需要观察项目实施过程中是否有新的弱势群体受项目影响。如果发生，将给予及时、妥善的处理。②对项目服务区脆弱群体的保护。出台对弱势群体的垃圾/污水处理收费的优惠政策，以保证垃圾处理场/污水处理厂建成后的运营，不给弱势群体带来经济上的负担。③促进贫困者的能力培养。让他们参与项目的设计、执行、监督和评估以及社区决策过程，使其在思想上的素质得到提高，不以贫困者自居，减少自卑心理。

21.**提高全民环保意识**。鉴于环境污染具有长期性、滞后性、潜伏性的特点，即使对环境污染问题关心的人，对其危害性了解也不够深入。人们往往在未发生灾难性后果时，忽视它对环境和人体健康的危害。据实地调查，钱塘江流域小城镇对环境保护知识的宣传力度还不够。因此，需要开展正式的和非正式的公共教育，努力普及环境保护的科学知识，编制电视节目、电影以及普及性图书，使公众对于环境污染控制有所了解。即只有提高全民（包括决策者、管理者和乡镇居民）的环境保护意识，使全民在对环境保护有总体认识的同时，充分意识到环境污染对生态环境和人体健康的影响和危害，才可能有效控制环境污染。加强技术培训，应该重点考虑3个方面的培训对象：①从事总体决策的环境管理人员；②环境保护的执法管理人员和从业人员；③广大村镇居民。还要特别加强农村保洁队伍的建设，确保农村垃圾的有效处理，逐步建立农村水环境监测制度，定期进行水质监测。

第三章 项目管理

自20世纪80年代后期，浙江省城建部门与世行合作了两个城市基础设施建设项目。浙江多城市开发项目，建成了一批优质供水工程，使杭州、宁波、温州市民喝上了与欧洲同标准的优质水，改善了宁波市的城市道路，提升了宁波市的城市形象，完成了绍兴市经济开发区的基础设施建设，为解决绍兴古城保护和新区发展提供了良好的外部空间。浙江城建环保项目，提高了杭州、宁波和绍兴市城市污水收集和处理、固体垃圾处置水平，改善了城市基础设施服务，包括内河、湖泊和道路整治及文化遗产保护。2018年3月，绍兴古城保护项目被列入世界银行中国九大经典案例之一，标志着浙江省外资项目管理经验走向世界。以上两个项目均被世行评为满意项目。钱塘江项目共11个小城镇环境综合治理项目，在已有经验的基础上，项目管理更加规范、有效。

第一节　组织机构

为实施好省级打捆项目，钱塘江项目成立由省政府办公厅分管副秘书长担任组长，省级各有关部门领导组成的省项目领导小组，下设省项目领导小组办公室。根据项目归属，省项目办设在省住房和城乡建设厅。同样，各项目市、县成立项目领导小组及其办公室。

1.**省级部门**。省项目办负责项目前期准备、实施过程中汇总组织工作，负责与世行联络和报批，指导、协调市/县项目前期准备、实施。省发展改革委牵头负责项目建议书和可行性研究报告审批，负责向国家发展改革委提交项目资金申报工作，指导和监督项目实施。省财政厅牵头负责项目的财务评价、项目谈判、签约、转贷、支付、贷款资金使用及偿还等环节的管理，负责项目绩效评价工作及对项目实施全过程进行监督。省环保厅负责项目环境影响报告的审批和环境影响工作的监督管理。省国土资源厅负责督促县级国土资源部门在年度新增建设用地计划安排时给予优先保证，做好建设项目用地预审等服务工作。省审计厅负责对项目的建设及运行全过程进行跟踪审计。省物价局负责对收费价格进行监督和管理。

2.**县市级部门**。县市级项目办负责组织本市/县各子项目的前期准备和项目实施，编制国内和世行贷款子项目的各种报告，组织采购招标和实施工作，包括编制评标报告、合同签署、支付和财务管理等。

驽马十驾，功在不舍。省和县级项目办始终遵循世行理念与“苛求”，坚持从严从实，做好实施的全过程管理，重视项目招投标、安全保障、财务管理、审计及绩效考核等。在项目财务管理方面，牢牢把好财务评价、贷款支付、会计核算、财务报告等关口。

第二节　安全保障

世行项目建设责任大，影响面广，关系到国家形象，关系到政府信誉，关系到今后申请新项目的信誉。管理必须坚持严字当头，一手抓质量，一手抓安全，两手都要硬。

1.**完善项目管理体系**。世行贷款项目的管理，已形成了一套先进和成熟的管理体系。从项目前期准备，项目实施过程中的采购、支付和监督检查，包括贷款关账都有非常明确的要求和规范，每个环节之间互相关联，环环相扣。面对时间紧、任务重的实际情况，切实做到3个“落实”：①明确任务抓落实，就是把工作任务细分要点，倒排时间节点；②细化方案抓落实，项目推进有具体的计划和举措，并按方案、计划、举措全面予以落实；③分解责任抓落实，责任必须层层传递，做到任务到位、责任到位，确保项目按计划圆满完成。

在项目实施过程中，严格按世行项目及国家工程质量管理的有关要求，认真落实监理制度，加强施工现场管理，努力提高工程质量，建设优质工程。严格按照世行要求开展项目实施，项目绩效获得了各方肯定。建德梅城垃圾填埋场项目于2016年1月20日获得了全国市政工程金杯奖，这是全国市政工程质量的最高奖项。项目在实施过程中，一直被世行评为满意项目。

2.**移民征地监测**。外部移民监测由河海大学根据项目协定定期实施。实施进度报告每半年提交世行审查。实际征地影响包括永久性征地99公顷，临时性占地96公顷，以及房屋拆迁26606平方米。相较移民行动计划，杭州、绍兴和金华的永久性征地面积有所减少，衢州的永久性征地面积有所增加，但总的永久性征地面积和移民行动计划基本一致。总的临时性占地面积较移民行动计划提高17%，主要原因是中期调整时增加了诸暨的管道安装。总的房屋拆迁面积比最初的移民行动计划低了47%，原因是杭州市桐庐县修改了道路设计以减少房屋拆迁。征地和移民的总影响人数是4839人，相比移民行动计划少14%。最终的移民安置成本为2088万美元（人民币1.42亿元），比移民行动计划的预算低了约15.5%。

受影响人群/企业的影响情况经过全面的调查、记录、评估和公开，受影响人群、当地政府、项目业主都参与其中。通过与受影响住户的协商，针对每一户制定了适当的拆迁安置方法。征地和拆迁的补偿标准不低于移民行动计划规定的标准。识别所有符合条件的受影响的人并按照国家规定给予社会保障。按照移民行动计划，针对受影响人群的生计采取了恢复措施。所有补偿在移民安置和实际影响发生前均已发放。对比移民计划，在移民实施过程中主要改变：通过设计修改最大限度地减少磐安、桐庐的征地和移民范围；建德和衢江的移民安置人数增加，主要原因是建德垃圾填埋场和衢江污水处理厂缓冲区域的户数增加；龙游县城市规划修改导致城市区域扩大。河海大学对移民行动计划的实施进行了很好的监测。定期的监测报告以及世行的现场监督证明，受影响人群已经恢复了其生活水平并普遍对移民安置的实施表示满意。

3.**环境管理计划的制定**。项目被设定为A类项目。按世行和中国国家政策法规，由华东院编制了一份环评报告和一个环境管理计划（EMP）并做了公示。项目施工期间可能产生的主要负面影响包括挖掘、施工渣料的处置、噪声、对城市公共服务的干扰等。项目运行过程中可能产生的首要负面影响包括污水处理厂产生的污泥的安全处置，尾水排放口的混合区域对水质的影响，垃圾渗滤液和填埋场气体的产生等。缓解措施、环境监测计划、机构安排、培训和设备要求，以及实施缓解措施和监测计划的预算估算，都在环评报告中给出了具体内容。

对于污水处理厂产生的污泥，在脱水后运往附近垃圾填埋场，进行安全处置。慎重选择排放口的位置，从而避免敏感受纳体，如有必要，将采用更高的排放标准。安装防渗膜以消除渗滤液污染，对收集渗滤液做进一步处理。对于填埋气体，近期考虑收集后燃烧排放，远期填埋气体量大时可考虑用于发电。将施工阶段的缓解措施（渣料、噪声等）写入招标文件，并接受有关机构的监督。对配套设施做尽职调查。

在实施时期，在世行检查团的指导下，对环境管理计划的实施做定期进度报告。各县项目办为环境管理配备了专职人员，所有建议的减缓措施都被纳入了合同条款。

4.**文化遗产保护**。保护与利用并非水火不容，利用得好有助于保护，保护得好也会促进利用。二者完全可以彼此助益，形成正循环。项目设计符合文化遗产安全保障政策的要求。项目按照避免损害文化遗产的原则设计并实施。兰溪市游埠古溪上的4座古石桥，经核查被确认为物质文化遗产，位于游埠子项目的邻近区域。为避免施工阶段对4座古石桥造成任何负面影响，项目方与相关方就满足世行文化遗产政策和国家法规框架的缓解措施达成一致意见。这些缓解措施针对振动、尘土、噪声、垃圾和水污染，包括避免夜间施工，敏感区域交通最小化，出台临时交通计划，施工现场周边绕道行驶等，以及施工过程中发现文物时的处理方案。

5.**大坝安全**。项目未对大坝实施建设投资，项目下的自来水供给系统，将直接从现有大坝控制的水库中提取。世行大坝专家确认婺城区的莘畈水坝和诸暨市的青山水坝，均运行安全，并备有可接受的运营维护和应急处理方案。项目实施期间，监测大坝的运营维护和安全状况，确保其满足世行运营手册规定的要求。

6.**项目采购**。所有项目的采购，均按照世行采购指南进行，总体进展令世行满意。项目采购计划详细且切合实际，并定期进行更新。所有签署的前审合同符合世行的前审要求。所有采购文件完整保存，包括广告复印件、收到的投标文件、开标记录、澄清文件、评标报告、合同、付款凭证及验收报告等。投标、合同签订包括合同变更，都遵循了采购计划和世行采购指南。虽然有些项目由于项目当地领导的调整，土地征用和移民安置略有延误，从而导致部分合同略有推迟，但总体上在项目实施过程中没有出现严重问题。

第三节　财务管理

世行贷款项目的财务管理包括财务评价、贷款支付、会计核算、财务报告、内控制度、审计安排等内容。在钱塘江项目的财务管理实践工作中，可以总结出世行贷款项目财务管理具有支付刚性强、与合同管理密不可分、注重财务人员的能力提升、善于借助网络技术等特点。

一、财务管理风险和对策

在钱塘江项目的前期准备和实施过程中，世行财务专家对省项目办、县项目办和项目单位的财务管理能力进行评估。财务评价的目的在于帮助项目单位，找出其在资产管理、资金拨付、会计核算、风险防范等方面的不足，通过各种方法来全面提升。世行有一整套评估方法及衡量财务管理风险的标准，并将财务管理的风险分为4个等级，即高风险（high）、显著风险（substantial）、风险适中（moderate）以及低风险（low）。由于很多县项目办从未做过世行贷款项目，而且桐庐江南子项目的项目办设在镇一级，财务管理能力较为薄弱，因此，世行专家认为该项目综合财务风险评级为适中。为降低该项目的财务管理风险，省项目办会同省财政厅制定《财务管理手册》，省财政厅专门制定《钱塘江流域小城镇环境综合治理项目提款报账暂行办法》，并加强财务人员的培训，尽量把风险降到最低。

二、财务支付管理

以“提款报账”为核心的支付管理，是世行贷款项目财务管理的重要内容。世行贷款项目有4种支付方式，即预先支付、偿还支付、直接支付和特别承诺支付。其中偿还支付，即“先垫付”再报账，是世行贷款项目的主要支付方式。具体地说，项目单位先用当地资金垫付土建、非进口货物等款项，再用合同、发票、监理公司出具的中期支付证书、工程月报表等提款报账资料向世行“报销”。世行审核并同意以后，将资金拨付至省财政厅的专用账户，由省财厅拨付至县财政局的指定账户，再由县财政局拨付至项目实施单位。这种先垫付、后回补资金的报账制，极大地保障了贷款资金的安全。

世行贷款项目的贷款期限长，一般可长达20～30年。还款期间，常常有财务人员变动，而且使用美元，并把美元结汇成人民币。因此，该项目从建账之初，就要求项目单位用人民币记账，并用美元记“台账”（辅助账）。省财政厅还建立定期对账制度，以确保账目清晰，记录完整准确。由于世行贷款项目都采用权责发生制进行会计核算，且要求各项目单位每年提交经会计师事务所审计的审计报告，因此有条件的项目单位应单独设账，至少也要分账核算。

三、财务管理特点

根据项目《贷款协定》的要求，项目单位每年编制两次报表，即半年报和年报，由省项目办合并报表后提交世行。且每年6月底，向世行提交经省审计厅审计的财务报表。世行贷款项目的财务管理总结和归纳，具有以下几个方面的特点。

1. **支付刚性强**。国内实施非外资项目，尤其在县、镇一级，管理较为粗放，规则意识不强，有不少当地的“土政策”。然而世行贷款项目却恰恰相反，贷款与具体的项目紧密挂钩，用途明确，必须专款专用，支付刚性很强。例如，世行有一整套规范的合同文本，土建类的提款报账要求施工单位按合同约定，提供预付款保函和履约保函或履约保证金。然而，国内项目单位没有养成索要银行保函的习惯，施工单位也因开具银行保函导致成本上升等而不愿意提供，致使提款报账资料不齐全。事实上，世行贷款项目为业主设置了双保险，即通过履约保函和保留金的形式，确保施工单位保质保量地完成项目。项目的每一分钱，都必须符合世行的程序、法律文件和合同的规定，法律文件包括《贷款通则》《支付指南》《贷款协定》《项目协定》《支付信》等，否则世行决不会为其“买单”。因此，任何一项费用可否由贷款支付，不是由任何一位世行的管理人员决定，而是由项目的法律文件规定。规则意识是财务管理人员不可或缺的基本素养，一旦形成这种意识，对世行项目的财务管理就能驾轻就熟，反之则寸步难行。为巩固、强化这种规则意识，《提款报账暂行办法》提供了最实用、最具操作性的内容，让财务人员有章可循。

2.**与合同管理密不可分**。世行贷款项目的财务管理，恰恰与合同管理密不可分。世行的支付管理，以合同管理为基础，每项项目活动都转化为土建、设备、咨询服务等合同，涵盖了项目的每一分钱。合同的采购，必须按照《采购指南》的要求和程序进行，且分为前审合同和后审合同两大类。前审合同，在合同签约以前须将合同草本先提交世行审查，世行审查同意后发出“不反对意见函”，合同双方才能签订合同，该合同才能支付。一旦世行发现不按合同支付或存在风险，将停止该类别的支付，已支付的资金也要索回。比如该项目的一项工程由当地的一家施工企业与省外的企业组成联合体承包，且那家省外的企业是联合体的牵头方。出于避税等原因，省外企业想用当地施工企业的发票向项目实施单位请款。世行发现这种做法不符合规定，立即要求联合体双方必须根据双方各自承担的工程量分别开具和提供发票，否则不予支付。这次的教训，使施工单位深刻体会到，按合同提款报账的重要性和世行财务管理的严密性。

3.**注重财务人员的能力提升**。县项目办、项目单位，大多没有实施世行项目的经验，因此在项目的前期准备过程中，世行和省级部门就把提升县里财务人员的能力作为财务管理的重中之重。省财政厅、省项目办多次举办财务培训，讲解、分析财务管理的知识、案例等，加快财务人员熟悉、掌握世行程序，提升他们的实际操作能力。在世行贷款中，专门安排资金用于培训，并组织省内外的学习交流活动。除注重提升他们的业务能力以外，县项目办、项目单位都必须配备专职的财务人员，并保持人员的相对稳定。此外，由省项目办聘请的咨询公司的财务专家，指导并协助财务人员编制财务报告，完成财务预测等工作。

4.**善于借助网络技术**。项目向世行提款报账均在世行开发的“客户联络网（client connection）”上完成。以偿还支付为例，省财政厅人员将提款报账资料扫描上传至客户联络网，并由该部门的另一位提款签字人在网上完成审核，即电子签字（e–signature），将报账申请递交世行审查。世行审核无误后，及时将贷款资金回补到省财政厅的专用账户。互联网的应用，使支付过程更加规范，效率更高。此外，需进行前审的合同必须在该网上备案，否则任何支付申请都将无效。该网站还具备账单核对、支付明细查询、项目基础资料查阅等功能。

四、财务可持续性

世行认为不可持续的项目就是失败的项目，世行项目必须实现机构、财务、经济、环境和社会的可持续性，而实现项目的财务可持续性则是项目可持续运营的基础。世行通过建立目标、财务评价、财务预测、过程管理、加强财务管理人员能力建设等方式确保项目实现财务可持续性。世行财务专家通过培训，让项目单位的财务人员自己完成财务预测，以此提升财务人员的业务能力，为公司的管理者提供决策建议。

小城镇对污水处理厂、垃圾处理场等设施的运营维护能力相对较弱，需要采取行之有效的运维模式，保证项目的可持续性，并能通过这个项目的实施，带动该地区的污水、垃圾等行业，实现可持续发展的目标。世行通过建立财务分析模型、财务预测、成本效益分析、制定运维计划等方式，确保项目达到预设的发展目标。

1.**建立财务可持续性的目标**。项目涉及供水、污水和垃圾处理3个领域。世行在项目评估时，针对3个不同的领域，分别对供水厂、污水处理厂、垃圾填埋场的盈利能力，政府补贴，以及全成本回收等情况展开评估。项目评估报告显示，当时省内的绝大多数供水厂已经实现水费对各项成本的全覆盖，包括供水厂的建设成本、运营维护成本、贷款利息、固定资产折旧等等。与供水厂相比，污水处理厂无法实现全成本回收。兰溪市游埠镇、磐安县尖山镇、桐庐县江南镇等

3个镇尚未开始征收污水处理费，需要依靠当地财政资金补贴项目的建设、运营、维护等。因此，世行在项目前期准备时，就三类项目分别设置财务可持续性的目标。供水项目将实现全成本回收。对于污水和垃圾项目，征收的污水处理费和垃圾处理费需弥补项目建成以后的运营和维护成本,并逐步提高收费（在困难家庭可以承受的范围内调价）。对于供水项目，世行贷款将转贷到项目单位（水务公司），贷款全部由公司偿还；而对于垃圾和污水项目，世行贷款只转贷到县政府，由当地的财政部门承担还款责任。世行对县政府的还款能力进行评估，评估结果显示8个项目县均有足够的偿债能力。

2. **以成本和价格为核心的财务预测**。财务预测已成为保证项目财务可持续性的重要手段。财务预测需要运用的财务数据包括项目单位的营业收入、支出、净利润、权益、现金流动比率、债务偿付比率等。世行在项目评估时，对各子项目进行财务预测，并把财务预测分为基准年、项目实施年和运营年3个阶段。财务专家根据项目单位提交的以往3年的财务报表，包括资产负债表、损益表和现金流量表，建立财务分析模型。在此基础上提出假设，如当水价或污水处理费上涨到一定价格水平，水务公司能实现全成本回收，污水处理厂能实现运营维护费用的全覆盖。下面以A市供水项目为例（见表1）。

表1　A市供水项目财务预测分析表

预测项目	基准年			项目实施			运营年		
	2007	2008	2009	2010	2011	2012	2013	2014	2015
技术、财务假设									
生产能力（万立方米/天）	219	219	219	219	200	240	240	240	240
产水量（万立方米/天）	144	146	151	163	176	202	204	207	208
售水量（万立方米/天）	121	126	129	139	150	171	173	174	176
平均水价（万立方米/天）	1.51	1.60	1.74	1.74	2.08	2.08	2.08	2.08	2.08
损益表									
营业收入（百万元）	63	71	77	82	107	121	123	124	125
支出（百万元）	−70	−78	−85	−91	−100	−112	−113	−115	−117
税前利润（百万元）	−7	−7	−8	−9	7	10	10	10	10

续表

预测项目	基准年			项目实施			运营年		
	2007	2008	2009	2010	2011	2012	2013	2014	2015
收入税（百万元）	0	0	0	0	0	0	0	−1	−3
净利润（百万元）	−7	−7	−8	−9	7	10	10	9	8
资产负债表									
流动资产（百万元）	327	338	641	632	757	765	773	780	786
在建工程（百万元）	183	206	220	240	267	311	354	397	438
固定和无形资产(百万元)	5	1	1	1	127	1	1	1	1
总资产（百万元）	138	132	420	391	363	454	419	383	348
流动债务（百万元）	327	338	641	632	757	765	773	780	786
长期贷款（百万元）	288	306	614	614	614	614	614	614	614
权益（百万元）	0	0	0	0	98	97	95	93	92
总的债务和权益(百万元)	39	32	27	18	45	55	64	73	81
现金流量表									
来自营业的现金流（百万元）	−9	−37	19	50	68	80	80	79	77
来自投资活动的现金流（百万元）	−4	−4	−2	0	−126	0	0	0	0
来自融资活动的现金流（百万元）	85	9	−27	−31	−84	−38	−36	−36	−36
每年产生的现金(百万元)	72	−32	−10	19	25	42	43	42	41
期初余额（百万元）	7	79	47	37	56	81	123	167	209
期末余额（百万元）	79	47	37	56	81	123	167	209	250
财务比率									
流动比率	0.8	0.8	0.4	0.4	0.4	0.3	0.3	0.4	0.4
财务偿付比率	1.3	0.5	0.1	1.6	2.1	2.2	2.2	2.2	2.1

资料来源：世行贷款钱塘江项目评估文件。

供水项目实施以后，当平均水价从2010年的1.74元/立方米上涨到预测水价2.08元/立方米，A市水务集团将扭亏为盈，且营业收入逐年稳步增长，净利润和现金流将维持在比较稳定的水平。虽然借入贷款后，该项目的流动比率的预测值徘徊在0.4左右，短期偿债能力弱，但是随着项目的运营，其财务偿付比率将超过2，显示出较强的还本付息能力。同时预测，当水价为2.08元/立方米时，低收入家庭的水费只占其年收入总额的4%以下，即使是该市低收入的家庭也能承受该价格。水价调整以后，项目完全可以实现财务的可持续性。

对于污水处理项目，世行提出能覆盖运营维护成本的污水处理费的合理价格区间，要求尚未收费的地区制定收费政策。不仅要让某个项目实现财务可持续性，而且旨在通过具体项目，推动该地区整个污水行业朝着可持续的方向发展，以推进公共事业的市场化改革。要求项目实施地逐步提高收费覆盖成本的比率，并将此作为项目结果指标写入《项目协定》。该协定由浙江省人民政府和世行签署，是具有法律约束力的文件（见表2）。

表2　项目结果指标

项目类型		年份					
		2009年（基线数据）	2011年	2012年	2013年	2014年	2015年
供水子项目	诸暨	80%	80%	80%	90%	90%	100%
	婺城	0	0	0	80%	90%	100%
污水子项目	建德	0	0	90%	90%	100%	100%
	衢江	0	0	80%	80%	90%	90%
	兰溪游埠	0	0	50%	50%	70%	70%
	磐安尖山	0	0	50%	50%	70%	70%
垃圾子项目	建德	0	0	0	10%	10%	20%

注：供水子项目的比率表示项目的收费能覆盖建设运营维护成本的比例；污水和垃圾子项目的比率表示项目的收费能覆盖运营维护成本的比例。资料来源：世行贷款钱塘江项目《项目协定》。

3.**确保财务可持续性**。世行项目通常采用成本–效益的分析方法，测算项目的效益、成本、净现金流量、经济内部收益率、效益成本比等经济指标，论证项目经济财务的可行性。要想实现项目财务的可持续性，项目前期财务的可持续性论证必不可少，而且世行将这种方法运用到项目方案的比选中。通过项目的财务和经济分析，能找出成本较低，单位资本投入产生的效益多，盈利能力强，还贷风险小的项目。这类项目更容易实现可持续运营。例如，世行采用成本有效性分析的方法，对B市两处备选垃圾子项目分别进行财务评价，其中采用填埋方式的青山场址比秋家坞场址运营维护成本更低，最终项目选择在青山场址实施。该项目的成本有效性分析见表3。

表3　B市垃圾子项目成本有效性分析

分析项目	备选场址	
	青山	秋家坞
处理能力（千立方米）	600	510
资本投入（百万元）	209.16	266.19
每年运营维护成本（百万元）	3.05	3.05
总成本（百万元）	169.84	231.40
单位成本（元/立方米）	283	454

资料来源：世行贷款钱塘江项目评估文件。

在每年运营维护成本相同的情况下，青山场址的处理能力强，资本投入较低，总成本和单位成本都远远低于秋家坞场址。此外，在两种垃圾处理技术（焚烧和填埋方式）的比选中，焚烧的运营成本更高且存在技术障碍，因此青山场址的方案更优。

4.财务可持续性的过程管理。项目前期准备的财务分析，为实现项目单位的持续运营提供了可能，但仅仅靠建立目标是远远不够的，还需一整套科学的管理方法。因此，世行非常重视项目实施的过程管理，力求做到项目前期有目标，项目实施有监测，项目完成有评价。世行要求项目单位制定运维计划及每年编制财务预测报告。运维计划和财务预测报告已成为重要的监测工具。

运维计划旨在帮助水务公司、污水处理厂、垃圾填埋场等项目单位，达到质量控制（如出水水质达标、设备更新维修及时、污水排放达标等）、安全控制（如员工的人身安全、杜绝安全事故的发生）、环境控制（如尽量把项目实施过程中对环境产生的负面影响降到最低）、财务控制（如尽可能控制成本，实现经济效益与盈利能力的最大化）等目标。

运维计划着眼于项目执行阶段的可持续运营，对实际操作起到指导作用。以磐安县尖山镇污水处理运维计划中的财务分析为例。该运维计划就全镇2013年至2015年的收费进行预测，而在成本方面，主要测算电费、药剂费、人工费、水质检测费、污泥处置费、固定资产折旧、偿付贷款利息等。收益和成本之间的差额，由当地财政补贴。

世行要求各子项目每年做财务预测，每半年预测一次，每年向世行财务专家提交财务预测报告。每年预测的项目结果指标，与项目评估文件中的指标对比。若项目评估文件中的指标过高，项目无法实现预定的目标，世行将在中期调整中降低各项指标，使指标值更趋合理；若实际完成的指标过低，世行将促使项目单位通过提高收费标准、加强管理、控制成本等措施，努力达到预设的指标。

此外，一年两次的项目进度报告、项目完工报告、后评价报告等内容，都涉及财务可持续的分析及项目绩效目标的实现。

第四节 项目审计

项目审计是审计机构依据国家的法令和财务制度、企业的经营方针、管理标准和规章制度，对项目的活动用科学的方法和程序进行审核检查，判断其是否合法、合理和有效的活动。此外，项目审计还是对项目管理工作的全面检查，包括项目的文件记录、管理方法和程序、财产情况、预算和费用支出情况以及项目工作的完成情况。项目审计既可以对拟建、在建或竣工的项目进行审计，也可以对项目的整体进行审计，还可以对项目的部分进行审计。

一、利用外资项目审计

1994年8月31日，全国人大颁布的《中华人民共和国审计法》第二十五条规定："审计机关对国际组织和外国政府援助、贷款项目的财务收支，进行审计监督。"这进一步明确规定了审计机关开展利用外资项目审计的职责和法律地位。审计机关依法对各级政府部门、国有企业事业单位、国有金融机构等组织，利用外资建设项目的财政、财务收支，以及有关经济活动的真实、合法性和效益进行监督。

浙江省审计厅对世行贷款钱塘江项目2012—2016年度财务收支和项目执行情况进行了审计。审计内容包括项目年度资金平衡表、项目进度表、贷款协定执行情况表和专用账户报表等项目的财务报表及财务报表附注。这有力地推动了各级政府及其主管部门和项目执行单位，贯彻落实改革开放的基本国策，积极、合理、有效地利用外资。利用外资项目审计的作用，可归纳为以下4个方面。

1.提高项目财务会计信息资料的真实性和可靠性。利用外资项目年度财务报告和有关会计资料，综合记录和反映项目财务收支活动、项目建设费用和经济效益，是项目管理机构、政府主管部门、国内外投资者监督项目执行和做出管理与投资决策的重要依据，其真实性和可靠性是各有关方面关注的焦点。世界银行和亚洲开发银行等国际投资者，在融资谈判阶段坚持要求：受资方必须承诺，在项目建设期按时提供经审计师公证的年度财务报告，否则不予贷款。项目开工后，如不能收到合格的审计公证报告，就停止支付各项贷款。中国审计机关开展利用外资项目审计以来，每年对所有在建的国际组织贷款援助项目的年度财务报告进行审计公证，及时建议项目执行单位调整或纠正审计发现的问题，避免了重大财务信息的漏报或误报，有效地提高了这些财务报告和有关会计记录的真实性和可靠性，为各类项目执行单位顺利地向国际组织和其他国外贷款组织提取所借贷款提供了保障。

2.依法查处违法违纪行为和事项。对审计中发现的弄虚作假、挤占挪用项目资金、私自买卖外汇等违法违规行为，以及国外贷款机构违反贷款协定的过分要求，及时予以制止。坚持不纠正的，依法予以揭露和处理，从而保障国家法规制度和利用外资项目协定、合同的贯彻落实，维护国家在利用外资领域的经济秩序。

3.提高利用外资项目的经济效益。各级审计机关都以促进利用外资项目经济效益的提高为着眼点。通过审计，发现影响项目经济效益实现的障碍，分析评价排除障碍的途径，向政府主管部门及时反映项目资金不到位、配套资金不足、基础设施不配套等阻碍项目建设和运营的问题，提出减少损失浪费、挖掘提高经济效益内在潜力和增强外债偿还能力的审计建议。审计机关还通过综合分析和揭示外资运用领域内普遍性和倾向性问题，向各级政府、主管部门提出提高外资使用效益等方面的建议，为各级政府积极、合理、有效利用外资，促进利用外资项目整体经济效益的实现，加强对外资运用的宏观调控，发挥积极作用。

二、审查项目资金运用

世行贷款项目资金主要用于项目工程建设、设备和物资采购、人员培训费和专家服务费等。其中，外资主要用于固定资产投资、引进设备和物资采购、外国专家聘用、出国人员培训等必须以外汇支付的开支；国内配套资金主要用于土建工程建设、项目区移民、项目管理等不需使用外汇支付的境内开支。它们是项目财务管理和会计核算的主要内容。审查项目资金运用的真实、合法和效益，是世行贷款项目审计的核心任务。审查内容主要包括以下几方面。

1.**项目支出**。按世行项目《贷款协定》，贷款“核定分配金额”项目支出类别包括土建工程、设备采购、货物采购、培训考察、咨询服务等。项目财务报告中的“项目贷款提取情况表”，就是按这种分类反映项目贷款资金使用情况的。审计时，要检查各项支出是否用于《贷款协定》规定的目的和范围，证明文件是否合规、齐全，会计处理是否符合有关会计制度，同时注意核实这种分类造成的支出科目之间衔接钩稽关系。重点检查承发包合同和结算程序的合规性和真实性，有无工程非法转包或提高结算单价，虚报工程量；工程劳务支出、材料费、间接费用和待摊投资的真实性和合规性，有无扩大支出范围、提高开支标准、虚报支出及计算错误；已完工程交付使用程序的合规性，以及设备物资招标、采购、验收、会计处理的合规性、正确性。对擅自改变外资用途、在招标采购中行贿受贿和弄虚作假等违规、违纪行为要依法惩处。

2.**实物资产**。世行贷款项目资金有相当部分用于实物资产，具体包括：国外进口物资，竣工验收合格交付生产单位使用的各项固定资产，购置的设备、物资、器材等。审计时，要检查其支出是否真实，计价是否正确，会计处理是否合规，账实是否一致，对领用、调拨、盘点亏损处理的管理是否完备。对擅自转让、串换和变卖进口设备物资以及利用有价证券搞非法交易等违规、违纪行为，要重点依法查处。

3.预付、应收（应付）款。这类资金收支主要包括：项目建设过程中发生的预付备料款、工程款和大型设备款，应付（应收）国内外贷款利息、承诺费、资金占用费，以及其他应付（应收）款项。对这类资金，首先要检查是否真实，支出证明文件是否合规、齐全。要检查应计国外贷款利息和承诺费的计算是否正确，还本付息是否及时。对有拖欠还本付息款的单位，要查明原因，促进偿还。要重点查处利用这类往来账户转移、挪用项目资金或调节项目建设费用的违规违纪行为。

三、审查项目银行账户

对项目银行账户实施审计监督，是世行贷款项目审计的一项重要内容。尤其对国际金融组织贷款项目外币专用账户，每年必审，审计意见要在审计报告中专项表述。项目银行账户的审计方法和审计内容，与一般银行账户审计基本相同。对于国际金融组织贷款项目外币专用账户的审计，有一些特殊要求：评审专用账户内部控制系统的健全性和有效性；验证国际金融组织拨付的开户资金、回补资金、利息收入，以及其他收入入账的及时性和准确性；审查各项支出的合规性，要逐笔检查各项支出是否用于《贷款协定》规定的用途，审批手续和支出证明文件是否合规、齐全，应向下级项目单位拨付的报账资金是否及时、足额下拨；验证年末结存和在途资金是否真实，与项目财务报告中的银行存款余额的钩稽关系是否衔接。

四、评审项目管理和资金使用效益

高效的项目管理是实现和提高项目资金使用效益的可靠保证，实现项目资金的使用效益才能达到利用世行贷款的根本目标。评审项目管理和资金使用效益，是世行贷款项目审计的一项重要任务。评审内容主要包括：项目管理系统，特别是内部控制系统、外债债务管理系统和防范外汇风险机制的健全性和有效性；在建项目建设目标或计划执行目标、指标的实现程度；项目概（预）算确定的成本指标、定额的执行情况；项目竣工后使用或运营的经济效益、社会效益、环境效益和外债偿还能力，以及对优化经济结构、完善经济增长方式、促进地区经济平衡和国民经济快速持续健康发展的影响等。

五、审查项目执行单位财务报告

对直接承担国外贷款项目外债偿还责任的项目单位，审计机关还要审查其单位财务报告，因为这类单位的财务状况和经营成果直接影响项目效益和偿债能力。审计内容按项目单位所属行业财务收支审计要求进行。例如，对工商企业类项目执行单位，按工商企业审计规范进行；对金融企业类项目执行单位，按金融企业审计规范进行。重点审查与国外贷款项目配套资金收支，以及项目经济效益和偿债能力有关的资金运用、资产、负债和损益，分析评价财务状况和偿债能力指标。

编制上述财务报表中的资金平衡表、项目进度表及贷款协定执行情况表是省项目办的责任。编制专用账户报表是省财政厅的责任。这种责任包括按照会计准则、会计制度和本项目贷款协定的要求，编制项目财务报表，并使其实现公允反映；设计、执行和维护必要的内部控制，以使项目财务报表不存在由于舞弊或错误而导致的重大错报。

审计师在执行审计工作的基础上对财务报表发表审计意见。为获取有关财务报表金额和披露信息的有关证据，审计实施必要的程序，并运用职业判断选择审计程序。这些程序包括对由舞弊或错误导致的财务报表重大错报风险的评估。在进行风险评估时，为了设计恰当的审计程序，考虑了与财务报表相关的内部控制，但目的并非对内部控制的有效性发表意见。审计工作还包括评价所选用会计政策的恰当性和做出会计估计的合理性，以及评价财务报表的总体列报。审计单位获取的审计证据应是适当的、充分的，为发表审计意见提供基础。

第五节　项目管理实践

世界银行贷款项目管理严格，程序复杂。在项目管理过程中，为了更好地配合世界银行的工作，项目做了以下几方面的努力与探索。

一、及时沟通

以项目中污水子项目为例，根据采购计划，污水厂的招标文件于2011年3月1日报世行审查。采购专家提出两个问题：①招标文件采用土建格式文本不合适。因为这个合同内容中土建和设备供货安装的比例是75∶25，以设备供货安装的格式也不一定行。②如果项目实施单位同意，可以向世行提出修改采购计划，即将合同分为土建和设备安装两个合同。2011年3月2日，省项目办和项目经理及采购专家进行了沟通，并书面提出理由。电话中，专家要求我们将尖山污水处理项目的招标文件变更为设备供货安装合同，或建议我们修改采购计划，即将原采购计划中的土建、设备供货安装合同重新分包。省项目办提出，根据世行评估时确定的采购专家建议，尖山项目打包一个合同，即土建、设备供货安装合同（土建和设备的概算比例约为75∶25）。该项目是当地县2010年的重点工程，原计划前一年开工。为满足世行对招标文件质量的要求，已经做了大量艰苦的协调工作，项目的设计单位和采购代理用了几个月时间才完成了招标文件的编制（修改了4稿），并于2011年2月25日报世行审查，从而推迟了项目的开工时间，项目办有很大压力。如果世行在招标文件编制之前提出调整合同分包，时间尚许可。但在招标文件已完成编制的情况下，重新编制不仅需要时间，而且无法向当地政府领导和有关部门汇报和协调。经了解，世行有类似的土建招标文件范本。鉴于以上原因，建议世行不修改采购计划，以土建类招标文件的形式，请世行专家完成招标文件审查，或给一个最快的解决方案，尽早使项目顺利实施。2011年3月7日，世行采购专家同意该项目的招标文件类型按土建类审查。

二、主动配合

世界银行与其他商业银行不同，世行要求项目前期对效益进行全面的分析，希望按企业管理的方式，计算项目的经济、社会、环境效益。在项目实施中，对目标的实现进行动态监测。项目完成后，对绩效进行评价，评价是否实现项目的目标，是否发挥贷款的价值。项目实施整个过程都必须接受世行的监督和审批。除年度两次的检查外，也行对项目的实施过程进行全面的检查。前期做好周密的调查，筛选出项目将触发的安保政策，详细列举出应对的保护措施。实施中要严格按有关的计划实施，并聘请外部监测机构对实施的成效进行评价。借款人要和世行配合好，充分利用世行半年一次的现场检查时机，发挥世行专家现场检查指导的作用，解决难题。

1.**现场访问**。世行半年一次的例行检查，是解决问题的契机。可利用半年一次的现场检查的时机，与世行的项目专家团队进行当面讨论。如在2013年上半年检查线路的安排时，考虑到有子项目要求退出世行贷款，有子项目要求变更项目业主，有子项目污水配套管网进展滞后，有子项目征地移民进展慢，有子项目要求合同内容调整等重大问题，需世行项目经理现场调研并当面商量后才能确定，就决定对这5个项目进行现场访问。

2.**汇报材料准备**。要根据上次检查备忘录的情况，列出各子项目存在的问题和要求，说明采购、支付、征地、移民、环境管理、大坝安全等重点问题解决的进展情况。

3.**现场会议讨论**。世行项目检查启动会通常由县/市项目办汇报各子项目的进展情况，省、市项目办领导和有关部门的代表都将参加会议，世行会将关注的重要问题放在会议上进行讨论。如项目实施中征地移民政策遇到的困难需要县市政府领导决策，以及有关部门配合支持的问题，可以利用这样的时机进行深入讨论和沟通，以便达成共识，尽早采取有效措施，促进问题的解决。

三、做好询标

世行对最低评标价的废标审查是非常谨慎的。在评标时，评标专家一般是从项目当地工程交易中心的专家库中抽取，大多没有世行项目招标评标经验。因此，评标专家有可能按国内评标原则和经验提出废标的建议。招标代理根据世行采购指南政策，建议对拟废标的最低评标价投标人进行询标，但评标专家组不接受这样的建议，将评标报告报世行，世行审查后，仍要求对最低评标价投标人进行询标。如有一个合同评标中，招标代理向投标人发出询标函，让其说明“不少于1900万元的流动资金证明”，“两项合同金额在1500万元及以上的给水管道施工业绩证明”，“钢管、PCCP管和阀门生产厂家的资质证书及相关证明材料”分别位于投标文件的什么位置。后经当地的招标中心查证，该投标人2010年11月已100%转让资产，且净资产只有1700多万元。该信息报世行后，评标报告获世行批准。

四、用好技术援助

技术援助是世行项目的一个重要组成部分，为充分发挥其作用，钱塘江项目做了以下努力和探索。

1.**重视招标文件编制**。对照《贷款协定》和《项目协定》要求，结合省项目办实际，确定了以下几个方面的工作：①技术支持，包括项目设计和招标文件审查，使施工图、招标文件、评标报告等满足世行审批要求；②技术培训，包括对省、市项目办有关人员进行支付、财务预测、财务管理、合同管理等全方面项目日常管理的培训；③社会和环境监测，对调整的子项目编制环境管理计划并得到世行批准，任何的环境管理计划、移民计划或移民政策框架和大坝安全计划的修改以世行批准为质量标准。作为独立的社会和环境专家，按移民计划和环境管理计划要求，编制满足世行政策要求的（环境和移民）半年外部监测报告。

2.**运行管理**。技术援助用于项目运行管理主要包括以下几个方面：①编制运行和管理行动计划。为婺城供水，建德、衢江、游埠、尖山污水和建德垃圾6个子项目分别编制运行和管理行动计划。先编制婺城供水子项目的计划，待世行批准后，再编制其他5个子项目的计划。②编制财务预测。为诸暨、婺城供水，建德、衢江、游埠、尖山污水和建德垃圾7个子项目编制财务预测。先编制婺城供水子项目的财务预测，待世行批准后，再编制其他6个子项目的财务预测。③报告编制和审查。编制项目半年进度报告，环境、移民外部监测报告；指导并审查、汇总各子项目办的年度财务报告；编制项目进展简报，以及在世行贷款关账日前完成项目完工报告的编制。④协助省项目办做好世行例行检查的准备工作。翻译世行检查团备忘录，跟踪并指导子项目办做好备忘录中所提出的需要处理的问题。

3.**对咨询团队的管理**。在技术援助咨询合同签署后，采用事先确定工作量和人员投入量的方式，将每项工作任务细化到人月数，明确咨询专家的工作任务质量标准，对咨询专家的管理起到了十分明显的效果。

五、动态管理

世行项目管理是一个动态过程。在这个实施过程中，项目评估时设定的采购计划，会因很多意外因素的影响需要调整。钱塘江项目中主要有城市规划、土地利用规划的改变，也有移民安置工作因实施困难而需要调整项目实施方案的情况。

1.**项目调整**。因时间、条件等因素的变化，调整在项目实施中是常见的问题，但调整的策略和过程是重要的，下面以某子项目一个合同的调整过程为例。2012年6月27日离世行贷款生效不久，子项目办提出土地利用总体规划的调整，要对世行项目内容做调整，并修改项目可研报告。2012年8月27日，经与世行项目团队讨论确定，为既符合国家政策规定又能推进项目实施，决定不对项目做整体调整，只对具备采购招标施工条件的两个合同内容进行局部调整。2012年9月，世行到浙江检查，通过现场调查和研究确定了调整内容。省项目办按备忘录要求，将有关材料和更新的采购计划报世行审批。2012年9月24日世行批准更新的采购计划。

2.**机构能力加强**。通过子项目的在职培训提升机构的能力。本项目通过规划、建设、环境基础实施运维、项目管理、环境工程和财务预测等培训课程，为省项目办、地方项目办、项目实施机构、运维管理公司的100多个管理人员和工作人员提供了培训。项目在环境基础设施、乡镇规划、运营维护等方面组织了6次考察，政府部门人员和其他管理人员共计49人次参加了考察。这些活动加强了政府相关部门以及运维公司的能力，对管理小城镇基础设施的机构可持续性有很大帮助。

第四章 项目评价

2015年，浙江省财政厅委托杭州富春会计师事务所有限公司对已完工和在建的6个子项目（污水5项，垃圾1项），即建德市城东污水处理厂二期工程、兰溪市游埠镇污水处理（一期）工程及游埠古镇基础设施项目、磐安县深泽环境综合治理项目、磐安县安文镇云山片区污水管网工程、桐庐县江南镇污水管网工程、建德市垃圾填埋场梅城处理中心项目进行了绩效评价。

第一节　在建项目绩效评价

一、评价结论

1.**项目综合绩效**。综合绩效评分为88.60分，综合绩效评价等级为实施比较顺利。

2.**项目相关性**。相关性方面的绩效评分为90.00分，绩效评价等级为高度相关。项目目标和内容设计符合当前国家、所在区域和行业在污水和垃圾处理方面的发展战略和政策重点，完工子项目提供的产品和服务能够部分解决所在区域经济社会发展中污水和垃圾处理方面的实际问题和需求，在建子项目提供的产品和服务基本针对当前国家、行业和所在区域经济社会发展中污水和垃圾处理方面的实际问题和需求。

3.**项目效率**。在效率方面的绩效评分为84.72分，绩效评价等级为效率高。两个完工子项目，基本实现了所有预期产出，部分工程存在一定延期。4个在建子项目实际实施进度与计划均有不同程度差异，但基本实现了相应的阶段性产出。项目实际已支付投资额与计划差异稍大；项目管理及内部控制较好，能够较好地确保项目有效实施。项目的资源投入基本实现了经济有效，项目内容设计和实施机制有一定的创新性。

4.**项目效果**。效果方面的绩效评分为93.28分，绩效评价等级为高度满意。两个完工子项目实现了大部分的预期绩效目标，污水、垃圾处理效益得到了较好的实现；项目的实际受益群体与目标受益群体基本一致；4个在建子项目基本实现了阶段性绩效目标，受益群体瞄准度较高。

5.**项目可持续性**。在可持续性方面的绩效评分为95.80分，绩效评价等级为高度可持续性。各子项目所设机构、人员和财务方面基本能够满足项目持续运行的需求，项目的大部分产出得到持续提供、维护和利用；在建子项目均具有较好的可持续性；世行贷款有较为可靠的还款机制并具备还款能力；项目绩效可持续地发挥作用，完工子项目运行基本正常；项目有一些具有示范性和可推广性的创新内容。

二、项目经验

钱塘江项目的建设，在完善浙江省钱塘江流域小城镇市政基础设施、提高钱塘江流域水环境质量、改善人居环境、提高居民生活健康质量等方面起到了积极的作用。同时，项目引进了国际公用事业运营理念，倡导和促进了浙江公用事业体制创新和改革。

1.**积极探索城乡基础设施服务均等化**。钱塘江项目的实施，为缩小城乡基础设施的差距进行了有益的探索。如已纳入绩效评价的子项目诸暨、婺城两座水厂，运行后惠及36万居民，不仅解决了农村地区居民没水喝的问题，而且让农村居民喝上了与城市一样的符合国家卫生标准的清洁水，为实现城乡基础设施服务均等化提供了一个很好的样本。同样，钱塘江项目所涉及的固废、污水处理项目的基础设施，建成后为改善当地环境、缩小城乡差距起到良好作用。

项目实践经验表明，世行贷款用于我国小城镇建设能实现“双赢”。小城与大中型城市相比，更缺少期限长、供给稳定的资金。我国小城镇基础设施项目一直存在融资难的问题，融资平台被取消以后，该问题更加突出，对财政投入依赖性更强，常常导致财政捉襟见肘、不堪重负，亟须引入多元化的投融资模式。世界银行、亚洲开发银行、新开发银行等国际金融组织和外国政府贷款能为小城镇的可持续建设带来期限长、利率低的优惠贷款。先进的理念、科学的管理经验、成熟的技术，与小城镇的发展需求相当契合。

2.**拓展多元化筹集城建资金的渠道**。正如项目评估文件中所言：浙江省的大城市，如杭州、宁波、绍兴，在解决城市环境挑战方面取得了长足进展，实现了引人瞩目的市政环境基础设施覆盖率的提高。而小城镇在这方面远远落后，造成较低服务覆盖率的原因之一是小城镇的财务能力薄弱，直接导致公共基础设施投资率较低。本项目以规模大、期限长、利率低的世行贷款资金做引导，创新思路，拓宽投融资渠道，将世行贷款与财政资金投入相结合，在一定程度上缓解了城市建设资金不足的矛盾，有效拓展了资金来源渠道，提高了公共资源的总体使用效率，积极探索浙江省财政预算资金与世行贷款资金统筹使用的新投融资方式，推进了浙江省社会资本参与环境基础设施、公用事业、生态环境的建设，更好地实现了环境基础设施项目的可持续发展。

3.**实现规模效益**。创新设计理念，由单个环境项目建设转变为流域综合环境治理。本项目以整个钱塘江流域区域为着眼点和切入点，从流域综合治理的高度出发，改变了原先为某个部门或局部范围服务的单个项目建设的设计理念，从区域性角度出发统筹考虑环境综合治理项目的建设，更好地实现了规模效益。这种整体流域区域的水环境综合治理设计理念具有很高的示范推广作用和创新意义。

4.**注重综合整治的整体效果**。项目从治理方式上全面考虑。例如，建德市梅城镇位于钱塘江流域的一个重要节点，位于兰江和新安江的交汇处。子项目建德市垃圾填埋场梅城处理中心项目建设内容不仅包括为建德市建设新的梅城垃圾填埋场，为周边五镇一街道提供垃圾填埋服务，还包括解决好原先下涯镇、杨村桥镇、梅城镇3个简易的垃圾填埋场的规范化封场，规避废弃的老式垃圾填埋场的后遗症，减少对新安江水体污染的危险性。这种整体的、系统的综合整治方式，不但向前看——新建新式垃圾填埋场，还向后看——原简易垃圾填埋场的规范化封场，真正做到了全面考虑、滴水不漏。这才是环境治理应有的负责任态度。

5.**环境整治和恢复历史文化古镇活力相结合**。兰溪市游埠镇是一座具有悠久历史的江南古镇。游埠子项目在建设污水收集和处理设施的同时，关注历史文化古镇的保护，对古街区实施修复保护，对古溪进行整治，建设沿河景观，对当地旅游业的发展也起到了很好的促进作用。

6.**体现人文关怀**。在世行理念的指导下，各子项目的移民安置工作彰显人性化特点，为受项目影响的人员提供一个安置恢复计划，使他们的损失得到应有补偿，生活水平得以改善或至少维持项目实施前的水平。在项目的移民安置过程中，虽然也遇到了一些困难，但未发生一起强拆事件。面对部分移民对象的不合理要求，政府工作人员通过大量上门访问、耐心的宣传和谈判来化解移民工作遇到的问题，宁愿承担工程延期的压力或变更设计。

7.**探索城乡污水处理厂营运模式的转变**。2015年2月，建成的兰溪市游埠镇污水处理厂与兰溪市其他4个城乡污水处理厂已由兰溪市政府以打包方式委托外地一家公司直接营运。单个污水处理厂因规模较小等因素，存在效益不高的问题，增加了地方财政压力。污水治理实行集中捆绑、连片整治，把多个项目打包委托专业公司营运，建立区域化运营控制平台，可降低污水处理成本，发挥集约化项目群的优势。

8.**引进世行先进的管理模式和理念**。世行项目的实施，带来了国际先进的管理经验和管理方式，培养了一批熟悉国际金融知识、掌握国际项目管理方式的专业人才，对项目的顺利进行起到了关键作用。在2008年7月项目列入国家2011财年世行贷款备选项目规划至2011年5月6日世行贷款正式生效期间，省级及地方相关部门做了大量前期准备工作，为项目的顺利实施打下了坚实基础。以合同管理为核心，规范项目运行机制，使项目实施单位、设计、监理、承包商在合同范围内各司其职，保证了项目的顺利推进。

9.**促进项目所在地治污收费体制改革**。通过世行、国际咨询专家和项目实施单位的共同合作，项目实施单位利用财务预测工具准确掌握了供水、污水处理、垃圾处理的成本与现行价格之间的差距及其演变趋势，为政府合理定价提供了有效的参考依据，极大地推动了项目所在地镇级污水处理收费政策的实施。虽然世行项目只是浙江省钱塘江流域环境保护项目投资中很小的一部分，但通过项目的实施，项目所在城镇建立起了可持续的城市环境基础设施服务提供模式。

第二节 世界银行的评价

项目完成后，根据世行项目团队编制的《项目实施、完工和结果报告》，认为项目结果总体评级是高度满意。与项目发展目标保持高度相关，设计和实施高度满意。实现各方面项目发展目标的效率是高的。项目的整体效率是高的。项目在供水、污水和固废3个子项目上完全实现了所有的项目发展目标。在项目关账前，所有9个关键绩效指标和18个关键指标当中的17个达到或超过了原定目标。项目使钱塘江流域内10个地区总计1004800人从获得可持续的城市环境基础设施服务中受益。

一、投资建设实现目标

1. **改善可持续供水服务**。项目投资建设了两个水厂及配套的供水管网（88.2公里），以及相关的泵站和取水口，总计供水能力9万立方米/天，大大改善了可持续的自来水供水服务，使项目区域居民获得可持续供水。项目评估时，诸暨只有30%的居民能够获得可靠的供水，而婺城则没有一户家庭能够获得可靠的供水。到项目结束时，诸暨95%的居民和婺城100%的居民获得了饮用水供应。项目评估时的关键绩效指标1，预计项目区36万人能获得供水服务。截至项目结束时，实际有39.7万人接受改善的供水服务，超过原定目标值10%。项目区域的水质有了很大的改善。在项目实施前，项目区的饮用水供应质量不稳定，每户家庭都自己取水。在项目完工时，供水水质满足《生活饮用水卫生标准》（GB 5749—2006）中所有的指标（共106个）。

2. **两个水厂实现水费完全覆盖运维成本**。根据监测所得的关键绩效指标，供水基础设施的运营是可持续的。当地政府在专业咨询公司的帮助下，很好地编制和实施了保护水源的运维计划。如诸暨市政府2013年启动实施保护规划和水资源补偿方案，通过生态修复保护饮用水源地。婺城区政府计划并投资关闭了54家养猪场，调整渔业，建造人工湿地，从而改善水源地的水质。对水质进行定期检测，其结果符合国家标准。

3. **改善污水收集和处理的服务**。项目共投资建设了4个污水处理厂，其污水处理能力总计8万立方米/天，在7个项目县（市、区）安装了总长度为83.7公里的污水收集管道，以及处理后的污水出水管道和相关泵站。在项目实施前，项目区域几乎没有污水处理系统。在项目结束时，项目区域的污水管网连接到污水处理厂，污水收集和处理率已经达到或超过各自的关键指标。磐安县云山片区在项目调整时退出世行贷款，但其利用国内资金建设完成的污水处理厂运行良好。总的来说，项目使388000人从改善的污水收集和处理服务中受益。

4. **实现有意义且可以测量的污染物减少目标**。在项目结束时，大多数污水已经经过恰当的处理，减轻了进入当地河流的污染负荷。经过4个污水处理厂的处理，每年可以使COD减少3974吨，总氮（TN）、总磷的排放量分别减少182吨和42吨。这些数据均超过了COD3745吨/年（项目评估），总氮141吨/年（正式修订），总磷30吨/年（正式修订）的关键绩效指标。处理后尾水的关键参数由外部监测单位定期进行检测，所有处理后的尾水均达到国家污染物排放标准一级A标准。水质的改善不仅是由于本项目投资，但本项目投资无疑有助于改善水质。例如在游埠镇，贯穿城市中心的古溪河的水质从2009年的四类提高到三类。

5. **所有的项目区域均引入污水费**。在项目关账时，所有污水处理设施的责任主体均编制和实施了运维计划；同时做了财务报告和预测以指导污水费调整和支持财政补贴的应用。在建德、衢江和尖山，污水费部分或完全覆盖了运维成本，达到或超过了原定的项目绩效指标。在游埠镇还有一个关键指标没有达到项目目标：前几年的污水费覆盖运维成本的比例为61%，低于70%的目标值。其原因是，作为一个小城镇，游埠镇镇政府从2016年开始仅收取商业和工业污水费。财务预测2018年游埠镇污水费覆盖运维成本的比例达到目标值。

6. **引入专业的私营企业来运营和维护污水处理厂**。经过财务分析和考察，在游埠、衢江和尖山通过政府和社会资本合作（PPP）模式引入专业的私营企业来运营和维护污水处理厂。同一个城市的一些小规模污水处理厂（如兰溪）由同一家私营企业运营，对于提高效率和规模经济都是非常有效的。本项目还对经营者进行了培训，以提高他们的管理和运营能力。此外，项目协定规定的财务报告和预测为收费标准、预算编制和补贴申请提供了佐证。如果污水处理厂的运维成本不能全部被污水费覆盖，县/市政府承诺将会提供财政补贴。

7.**改善选定区域居民接受垃圾管理的可持续基础设施服务**。项目投资建设一期库容为21万立方米（远期42.7万立方米）的梅城垃圾填埋场，日处理能力为180立方米的三级渗滤液处理厂，并关闭位于建德市梅城镇的3个露天垃圾填埋场，使得建德市处置工业和城市废弃物的能力达到了28万立方米，超过关键绩效指标的目标值。本项目7个乡镇的垃圾收集和处理率达到了100%，超过了关键指标的目标值。这些努力减少了对地表水、地下水和土壤的污染。项目结束时，本项目为建德市7个乡镇的219800个居民提供了垃圾的卫生收集和处置服务，在本项目实施前居民无法获得这种服务。项目受益人数超过关键绩效指标确定的目标值。

8.**引入用户付费政策**。项目结束时，关键绩效指标中反映卫生垃圾填埋场包括渗滤液厂用户付费覆盖运维成本的比例达到了31%，超过了最终结果指标。按照项目协定约定编制并实施了项目运维行动计划，提升了固体废弃物处理设施的可持续性。建德市选用专业的公司来运行和维护垃圾填埋场以及渗滤液处理厂，并委托独立的监测机构每两个月对出水质量进行监测，监测结果符合国家污染控制标准。如果用户付费不能全部覆盖垃圾填埋场的运维成本，建德市政府承诺将会提供补贴。

9.**加强可持续性**。项目关闭3个露天填埋场以减少对地表水的污染。外部监测机构定期对关闭位置的地表水进行监测，确保该地区垃圾填埋场真正地关闭。垃圾填埋场和渗滤液处理厂对当地学生开放参观，以加强减少、再循环、再利用固体垃圾的公共意识。

浙江省有很多水乡小镇具有很高的历史和文化价值。项目的《浙江省历史文化街区、名镇、名村基础设施改善与历史建筑保护专题研究》，为小城镇环境基础设施改善和历史文化保护提供技术指导。课题研究还为省级总体规划提供了参考。项目设计的综合性方法、应对小城镇环境挑战的战略性规划被纳入了浙江省“五水共治”的省级总体规划。该规划于2014年发布，已经扩展到更广泛的指导全省水环境改善的行动。项目课题研究和总体规划极大地有助于浙江省小城镇基础设施的可持续发展，这已经完全覆盖和超出了本项目的范围。

二、项目评价结果

项目评价结果包括在项目准备和实施中的绩效评价。

1.**前期保证质量的绩效评价等级：高度满意**。世行非常谨慎，项目设计用了近一年的时间，以确保优先解决持续增长项目城市的优先发展需要。

2.**监督质量的绩效评价等级：高度满意**。世行的任务组长与所有有关各方（省项目办、地方项目办和项目实施单位、设计院、招标代理）保持了很好的工作关系。世行采取了迅速和坚定的决策，保持了项目的重点，克服了土地征用和移民的困难，完成了工艺变更和项目的调整。

3.**总体绩效评价等级：高度满意**。认为总体表现为高度满意，这是基于项目准备、项目质量监督等方面取得的圆满成果。

世界银行贷款钱塘江流域小城镇环境综合治理项目取得成功，并荣获世界银行2018财年“可持续发展领域副行长团队奖”。为此，时任世界银行中国局局长伯特·郝福满致信浙江省省长袁家军。

世界银行驻华代表处
World Bank Office, Beijing

June 26, 2018

Mr. Yuan Jiajun, Governor
Zhejiang Province
People's Republic of China

Zhejiang Qiantang River Basin Small Town Environment Project
World Bank Sustainable Development Vice Presidency Unit Team Award
of Fiscal Year 2018

Dear Mr. Governor,

I am pleased to inform you that the Zhejiang Qiantang River Basin Small Town Environment Project (Loan 8001-CN), led by task team leaders Mr. Guangming Yan and Mr. Axel Baeumler, has been awarded the World Bank's Sustainable Development (SD) Vice Presidency Unit (VPU) Award of Fiscal Year 2018.

The project successfully piloted an integrated approach in improving access to sustainable urban environmental infrastructure delivery and services in small towns which is one of the key challenges of China's urbanization. It benefitted over one million residents across eight districts / counties of the Qiantang River Basin. Lessons learned from this project can be disseminated and replicated in China and around the world.

I would like to express special thanks to you and all the relevant agencies in in Zhejiang Province for the leadership and dedication throughout the project cycle. The Provincial Construction Department, the Finance Department, the Development and Reform Commission, other relevant provincial agencies, and the eight project districts/counties provided strong commitment to the project and worked closely with the World Bank task team. This dedicated partnership contributed towards a highly satisfactory project implementation outcome.

Congratulations again for the high-quality closing of this important project and the VPU Team Award. We look forward to our continued partnership in supporting sustainable development in Zhejiang Province.

Sincerely,

Bert Hofman
Country Director, China

尊敬的袁家军省长：

我很高兴地通知您由项目经理闫光明先生和阿克塞尔·白爱民先生带领的浙江省钱塘江流域小城镇项目荣获了世界银行2018财年可持续发展领域副行长团队奖。

本项目成功地将城市基础设施可持续交付和服务的综合性方法在小城镇开展试点。这是中国城市化面临的主要挑战之一。项目让钱塘江流域8个县的100万人口受益。这个项目取得的经验能在世界和中国得到传播和复制。

我想特别感谢您以及浙江省相关部门在项目实施期间给予的领导和做出的贡献。浙江省建设厅、省财政厅、省发改委、其他相关省级部门以及8个项目县为项目提供了很强的执行力，并和世行团队密切配合。这种紧密的合作促使项目的实施获得了高度满意的结果。

再次祝贺这个重要项目高质量地完成并荣获了世界银行可持续发展领域副行长团队奖。期待我们在支持浙江省可持续发展领域的继续合作。

您真诚的朋友

中国局局长伯特·郝福满

第五章

子项素描

“八月涛声吼地来，头高数丈触山回。须臾却入海门去，卷起沙堆似雪堆。”世界的目光聚焦钱塘江畔，钱塘江流域小城镇环境综合治理项目也受到瞩目。2018年6月，该项目被世行评为“可持续发展领域副行长团队奖”，成为浙江省第一个获得此奖项的世行贷款项目。分析、研究该项目的可持续性模式能为我国小城镇基础设施建设项目的可持续运营提供可借鉴的经验和启示。

钱塘江项目在这里写就了11个子项目，散落在诸暨市、婺城区、建德市、衢州市、兰溪市、磐安县、桐庐县、龙游县等的小城镇，建成诸暨和婺城两座水厂及配套管网152.6公里，日供水能力9万立方米，清洁饮用水惠及38.4万人；建成磐安尖山、兰溪游埠、衢江和建德4座污水处理厂，日处理污水能力5万立方米，以及桐庐江南、龙游城北区域、磐安尖山等地雨污管网307公里；建成衢江、磐安的部分城市道路，以及建德梅城的垃圾处理设施。受益地区的百姓的感受最为真切：项目为当地人民提供更广阔的发展机遇，并为项目地区的区域社会发展目标作贡献，促进社会经济与环境的协调发展。

第一节　诸暨市青山水厂及配套管网工程

诸暨市位于浙江省中北部，城市以钱塘江支流浦阳江为中轴发展，城东浣江环流。诸暨是越国故都、西施故里，是於越文化的发祥地之一，昔有钱塘名区之繁盛。

随着诸暨市各行各业生产的迅速发展，经济实力不断壮大，城市建设的投入力度加大，城市面貌日新月异，公用给水事业也得到了迅速发展。2006年，建成投产的城南水厂，位于城区东南角城南路南侧山坡上。设计规模20万立方米/天，最高日用水量已达13万立方米，取得了良好的社会经济效益。但是市区西部仍然存在着管网配套不完善，因地形高差较大导致的节点流量分配不均和部分区域供水水压、水量不足的矛盾。为了满足诸暨中心城区西南部分的正常用水需求，缓解草塔、大唐、陶朱街道下属三都片区一带的用水紧张，补充城西工业新城的用水，充分利用市区西南部分现有水资源，建设青山水库引（供）水工程。这有助于诸暨水资源的合理使用和可持续发展，也有利于与城南水厂联网供水。

一、项目概况

“诸暨市青山水厂及配套管网工程”于2010年开始前期工作，建设一座以青山水库为供水水源，日供水4万立方米的水厂。工程敷设DN800原水管道0.5公里，DN300～DN1000配水管道44.5公里，建成一座1.5万立方米/天的加压泵站。水厂采用常规处理工艺。在2013年，中期调整“诸暨市青山水厂配套管网完善工程”随之诞生，新增DN300～DN800配水管道总长48.6公里，涉及大唐、草塔、安华、牌头和王家井5个镇。项目建成运营后，服务面积337.1平方公里，受益人口达20多万人（包括常住人口、外来务工人口）。水厂供水区域内平均水压由原来的0.1MPa提高到0.3MPa，供水普及率由原来的60%上升到95%以上，实现了城乡供水一体化。项目批准总投资2.1482亿元，利用世行贷款1773万美元，合同总概算为1.5979亿元。实际合同总金额为1.4703亿元，占合同总概算的比例为92%。2016年底，5个合同全部完成，顺利完成世行报账。

二、问题与对策

对项目前期准备认识不足。编制的项目建议书、可行性研究报告经过多次修改，才符合世行要求。

对项目建设前期政策处理难度估计不足。没有进行细致调研，按经验办事，导致在工程施工时，由于政策处理因素影响工期。例如，青山水厂的出厂管管线需沿道路施工，但由于道路迟迟未动工，工程进度缓慢。

三、项目成果

1. **质量达标**。项目前期，多次实地调研、收集资料，反复评审，确定项目的可行性。完成各类报告的编制，报告质量获得世行的高度评价。项目实施完成后，出厂水质符合《生活饮用水卫生标准》，用户龙头水质符合建设部《城市供水水质标准》，确保了用户用水安全。

2. **社会效益**。水厂供水区域内平均水压已达到0.3MPa，极大地解决了草塔镇、大唐镇、牌头镇、安华镇等区域水压低、供水量不足的问题。为各行各业的发展和人民安居乐业提供保障，最大限度地满足人民日益增长的物质文化生活需要。

3. **经济效益**。水厂采用重力流供水，符合国家节能要求，保证城市经济发展和人民生活的良性循环，极大地降低了供水成本。随着产能的提高和运作的正常，成本将进一步下降，届时经济效益会更显著。世行贷款项目为水务集团提供了一个良好的融资平台，有效解决了政府性投资民生工程建设融资难的问题，为工程的顺利推进提供了资金保障。

4. **取得的荣誉**。诸暨项目办的工作充分发扬钉钉子精神，一步一个脚印向前迈进，取得了一系列的荣誉。“诸暨市青山水厂及配套管网工程”荣获“钱塘江项目”2013年度、2014年度和2015年度优秀项目。水厂土建工程获得2012年度诸暨市“珍珠杯”优质工程奖、2012年度绍兴市“兰花杯”优质市政公用工程奖。水厂设备工程被评为2012年度诸暨市“珍珠杯”优质工程奖和2012年度“浙江省优秀安装质量奖”。创造荣誉不易，百尺竿头再跃升更是难上加难。它是诸暨项目办全体干部职工长期坚持担当、努力奋斗的结果。

四、经验与启示

以人为本，注重民生，是世行项目的最大特点之一。

1. **重视组织机构建设**。项目的顺利实施依赖于组织机构的健全，人员的到位。项目办抽调精兵强将进行项目的协调与管理，并努力争取各级领导、各个部门的帮助支持。同时，重视监理单位在工程建设过程中的作用，使监理单位能很好地为推进工程服务。

2.**重视移民安置**。维护广大移民群众的切身利益，保持经济社会发展大局稳定，对保障工程建设的顺利进行具有十分重要的意义。项目严格依照国家法规和移民行动计划进行相应的征地工作，对失地农民进行经济补偿和投保失地农民保险，总计费用554万元；对管线涉及范围内的青苗等赔付到位。老百姓普遍感到满意。

3.**重视环境保护**。严格按照环境管理计划要求，由诸暨市环境监测站和市质监站进行定期检测、督查，确保无施工扰民现象、无水土流失现象和无空气污染，严格控制施工扬尘等发生。

4.**重视工程管理**。严格落实世行项目的安全保障政策，践行"以人为本"理念。世行非常注重建设单位和施工单位的平等主体关系，双方是平等的合作伙伴，而不是监管者和被监管者的关系。同时，在施工过程中，关心农民工的作业环境和生活设施的改善。整个施工过程中，严格工程管理，确保无质量、安全事故发生；及时提交项目财务、进度报告；财务管理严格，报账规范。同时，协助诸暨市水电水利局争取了青山水库大坝加固工程，确保青山水厂供水安全。

5.**重视配套政策的出台**。2013年市政府出台了《关于对饮用水源区域实行生态补偿的实施意见》，以提高源头水水质。2013年根据诸暨市发改局《关于调整供水价格及居民生活用水实行阶梯式价格的通知》，实施阶梯式水价，各类用水价格提高38%以上。

第二节　金华市婺城区汤溪水厂及供水管网工程

金华市位于浙江省中部，钱塘江支流金华江与东阳江和武义江交汇处，与婺江相依，城市发展沿婺江北岸向下游延伸。金华市婺城区西部称"金西地区"，包括金西经济开发区（辖汤溪、罗埠、洋埠3镇）、蒋堂镇及莘畈乡等。

金西地区自来水供水普及率较低。其中，汤溪镇供水普及率约60%，洋埠、罗埠两镇仅为15%左右，蒋堂镇自来水管道尚未敷设进镇中心区。整个金西地区自来水供水普及率平均约为30%，还有约10万人没有饮用上合格的自来水。区域内有金西水厂和莘畈水厂两座自来水厂，总供水能力2.2万立方米/天，2009年夏季已满负荷运转。现有水厂的供水能力，无法满足金西地区生活用水和快速增加的工业用水之需。金西水厂和莘畈水厂有水处理设施和消毒措施，出厂水质基本符合《生活饮用水卫生标准》（GB 5749—2006）的要求，但金西水厂由于原水水质较差，氮和氟化物含量时有超标现象；罗埠、洋埠两个小水厂分别取用浅层地下水和深层地下水，未经过任何处理，无消毒措施，直接供用户使用，水质无保障。大多数农村居民饮用水取自沟渠、山塘和插管井，其水质状况更差，严重影响人民的身体健康。因此，为了切实解决金华市婺城区居民饮水安全，保障居民群众身体健康，需建设金华市婺城区汤溪水厂及供水管网工程。项目的建设符合浙江省农村安全饮水计划的要求，符合金西开发区供水规划的要求。

一、项目概况

金华市婺城区汤溪水厂及供水管网工程主要包括取水口、净水厂、输水主干管工程建设。从莘畈水库放空涵洞出口处DN1200外露钢管上开三通取水，接DN800钢管150米，利用重力流输水管道将原水送到汤溪水厂净化处理。净水厂工程设计规模为5万立方米/天，采用常规水处理工艺，构筑物包括反应沉淀池、气水冲洗滤池、清水池及废水池等，建筑物包括加药加氯间、鼓风机房、配电间、在线监测室、中控室及综合楼等。输水主干管及配水管共55.6公里。

二、问题与对策

汤溪水厂工程的实施最明显的特点是建设周期短。由于该地区自来水供应没法保证，特别是夏季用水高峰期，用水问题尤其突出。婺城区委区政府急百姓之所急，要求该工程在2011年6月底前基本建成。早在项目刚完成前期批复时，就据此时间点倒排计划，但在招标文件编制时遇到了问题。本项目世行贷款共分3个合同。第一个合同是水厂土建及引水管工程，委托的是一家金华的招标代理公司。因招标代理公司没有做世行项目的经验，又未真正理解世行的采购指南及招标格式文件，编制的招标文件报世行审查，每次都需一条条地修改。从招标文件编制到获得世行的不反对意见函，花了很长的时间。后面两个合同吸取了经验教训，委托有世行项目经验的招标代理，工作进展顺利。从2010年9月净水厂所在山体的第一声爆破，到2011年6月基本建成，工程指挥部充分协调，施工方携手合作，创造了同类工程施工中最快的记录，向金西地区人民交上了满意的答卷。2012年1月，汤溪水厂正式投入运行。

三、项目成效

在汤溪水厂建成前，一到夏季，居民家中自来水水压不足，洗澡时嘀嘀嗒嗒，更别说有些还要吊井水；一到冬季，自来水有股膻腥味。水质最明显的变化是浊度，原金西水厂和莘畈水厂出水浊度为0.4，现汤溪水厂出水浊度为0.07。金西百姓从中享受到了项目的好处。自2012年初投入运行以来，汤溪水厂已向受益地区安全供水多年，供水水质达到饮用水标准。日供水量的增长保障了金西开发区园区内企业的生产用水，改善了园区的招商环境，使整个园区一派新气象。著名牛奶品牌蒙牛、伊利，金华宁能热电有限公司，梦娜袜业，金华丁丁纸业有限公司，金华金鼎织带有限公司，浙江毓秀针织有限公司，金华华盈电子科技有限公司，浙江万福染整有限公司入驻园区，是园区里的用水大户。该园区还集聚了一批以康恩贝、尖峰、迪耳、巴奥米特为代表的生物医药及骨科材料研发生产企业，是我国重要的医药医疗产品生产基地。可谓栽得梧桐树，凤凰自然来，整个地区经济呈跳跃增长。

四、经验与启示

1.前期工作充分和发动公众参与。世行项目前期工作更细致、扎实。最明显的是本项目不涉及永久征地，但按世行安全保障政策要求，仍需编制移民及社评报告。需实地调查后在前期计划里一一列出管道敷设所涉及的村，经过的土地种类、数量以及地上附着物的种类、数量。遵照移民计划召开各级动员大会、座谈会、咨询会等，发动管道沿线村民积极参与，在各村张贴《移民与社会评价报告公众参与公告》，广泛征求村民的意见。在此基础上，工程建设指挥部制定了临时借地及青苗补偿标准，而村民对项目建设的目的、自己的权利与义务、补偿标准、工作程序和申诉渠道都有了了解。在婺城区政府的协调下，政策处理工作委托管道沿线乡镇处理，补偿费由项目业主莘畈水库管理处支付给汤溪镇政府、莘畈乡政府，再支付到农户手中。磨刀不误砍柴工，政策处理工作先于管道敷设一步完成，确保了管道施工的顺利进行；借地则同步复垦，基本未对土地耕种产生影响。在项目完成后，移民内部监测报告显示，整个政策工作的结果令人满意，由于前期及处理时工作到位，未发生一起投诉，很好地维护了地区百姓的社会和谐。

2.**严格践行世行指南**。钱塘江项目与世行签订协议是在2011年3月，正式生效时间为2011年5月6日，这个时间往后再推一个多月，汤溪水厂就基本建成了。按常规，应该是先签订协议再用钱，但世行的政策考虑了业主的实际需要，有一定数额的追溯性贷款，即在世行完成评估后，符合世行采购指南的提前下，招标文件、评标报告、合同经世行前审，则世行承认借款人按该合同支付的款项，允许借款人在贷款生效后向其报账。金华市婺城区汤溪水厂及供水管网工程有2个合同总金额4418万元人民币，在贷款生效日之前签订，并完成了部分合同的实施。工程先向婺城区财政借款，向承包商支付工程款，待钱塘江项目生效后，立即向世行报账。到2011年底，向世行报账649万美元，占了该子项目世行贷款额度的75%。从这个实践看，只要按世行的指南实施，世行放款效率非常高。

第三节　建德市城东污水处理厂二期工程

建德市位于钱塘江支流新安江，杭州—黄山旅游线中段。1960年8月，由于新安江水电站建设，县城由梅城迁至新安江下游白沙镇。经过50多年建设，建德市成了浙江省西部的次中心。

一、项目概况

建德市区已有两座污水处理厂：①城区正在运行的新安江污水处理厂，规模

2万立方米/天；②城东污水处理厂，规模3万立方米/天，已建成待投入运行。随着城市规划，新安江污水处理厂需逐步改造成为提升泵站，将污水输送至城东污水处理厂处理，城东污水处理厂需要扩建二期。由于污水处理厂处理尾水最终均排入新安江，新安江作为钱塘江上游的干流，按省政府的要求，排入钱塘江流域的污水处理厂尾水必须执行《城镇污水处理厂污染物排放标准》（GB 18918—2002）一级A标准。因此，需建设与二级处理设施配套的深度处理设施。

建德市拟对城东污水处理厂在已有的二级处理设施的基础上扩建，并针对4.9万立方米/天的二级处理尾水建设深度处理设施。污水收集系统新建一座4500立方米/天的污水提升泵站，新建管径DN300～DN800的配套污水收集管网约24公里，服务范围覆盖新安江街道、更楼街道、洋溪街道、下涯镇及320国道沿线纳管企业，服务面积18.4平方公里，服务人口15.4万人。扩建完成后，尾水排放由一级B标准提高到一级A标准，污水收集率由66%提高到90%。

建德市地处钱塘江上游，水体一旦污染将对下游的杭州市造成重大影响。因此，按照充分利用现有设施、高起点、高标准、因地制宜、远近期结合、管网优先的原则，在城东污水处理厂二期及配套管网工程设计和实施过程中，既要确保排放的污染物量在水体的自净能力范围内，又要符合建德市所处的地域特点、环境状况、当地的管理技术水平和城市建设现状，合理确定污水工程规模及系统布局，合理确定排水体制和污水处理工艺，做到既不脱离实际，又能够满足环境和近远期城市发展的需要。根据水量预测结果，建德市工业废水与生活污水的比值约为2∶8。污水厂采用改良型氧化沟处理工艺、高效沉淀转盘过滤技术、污水消毒组合深度处理工艺，产生的约12吨/天含水 60%的污泥运至红狮水泥厂协同焚烧处理。

项目于2015年底全部建成，试运行并发挥效益。出水排放口安装在线监控，与省、市级环保部门联网，数据24小时实时上传。通过每天自检和环保部门的飞检及抽检，出水合格率达到100%。2016年1—6月污水处理量为658万立方米，COD减少1022吨，去除生物需氧量（BOD）347吨、悬浮物（SS）682吨、氨氮 68吨、总氮44吨、总磷8吨。1—6月安全处置污泥1150吨（含水率60%）。

二、问题与对策

1.**征地难**。项目厂区建设需新征用地面积2.88公顷。2010年3月完成厂区土地预审，报国土局调整土地性质等供地审批程序。因征地拆迁责任单位是下涯镇政府，项目实施单位与镇政府进行了大量的协调。2013年6月，镇政府成立征迁工作指挥部，进入实质性征地程序。2014年1月，完成大部分征地工作，3月完成建设用地施工围墙和拆迁农户房屋评估工作，10月完成征地工作并开始进场施工。

2.**移民安置更难**。2009年城东污水处理厂（一期）建成后，因卫生防护距离内农户未完成搬迁，工程验收未完成。2009年开始，世行贷款项目——建德市城东污水处理厂二期工程完成立项，启动前期工作。按世行要求，委托编制了《建德市城东污水处理厂二期及配套管网工程移民安置计划》及《工程项目环境影响报告书》，将一期工程100米卫生防护距离内农户搬迁工作再次纳入移民范围。浙江省、杭州市环保部门督查、检查组也多次来检查，要求该移民问题限期整改。2014年3月，建德市项目办与下涯镇政府签订《建德市城东污水处理厂100米卫生防护距离内农户委托拆迁安置协议》，并一次性拨付拆迁补偿款500万元，保障征迁工作有序推进。下涯镇与100米卫生防护距离内的14户拆迁农户签订协议，落实拆迁安置用地，农户拆迁安置房由市交投公司负责建设。安置房于2015年10月4日进场施工，2016年12月竣工验收并交付拆迁农户。

三、项目成效

城东污水处理厂建成投运以来，始终秉持“安全运营、精细管理、达标排放”的宗旨和“至清至善”的核心价值观，以服务民生为己任，不断提升管理服务水平，为助力建德生态文明建设，提升城市品位作贡献。通过实施泵站远程监控、进出水监控、双路供电、安防监控、自动加药等措施，不断提升管理管控能力，确保安全稳定运行，污水达标排放率达100%。

为了更好地处理污水尾水，项目还建设了一个人工湿地公园。人工湿地是由人工建造和控制运行的与沼泽地类似的地面，将污水、污泥有控制地投配到经人工建造的湿地。污水与污泥在沿一定方向流动的过程中，主要利用土壤、人工介质、植物、微生物的物理、化学、生物三重协同作用，对污水、污泥进行处理，其作用机理包括吸附、滞留、过滤、氧化还原、沉淀、微生物分解转化、植物遮蔽、残留物积累、蒸腾水分和养分吸收及各类动物的作用。对城市来说，营造人工湿地，可以恢复、强化和发展城市的湿地网络，丰富城市生态水利系统，发挥城市湿地的生态、经济和社会效应，从而达到保护生物多样性的目的。

四、经验与启示

通过世行项目的实施，学习了世行项目管理的先进理念。①在项目管理上，项目前期对项目可行性研究进行充分详细的调查和实地勘察，以确保项目解决环境问题的科学性和准确性；项目实施过程中，世行每年两次对项目进度和质量进行现场检查和指导，支持项目科学有序地按计划推进。②对移民安置高度重视，充分落实项目涉及老百姓的征地拆迁安置等工作，切实保护被征地农民的权利，从而有力保障项目的建设和后期的运行。

作为国家主权外债项目，工程各项审批、管理手续流程与国内项目区别较大。项目的顺利实施有赖于以下措施。①加强组织领导，切实强化对项目建设的管理与协调，确保项目各项工作顺利推进。②周密组织，编制科学严谨的施工、监理等各项工作规划和方案，并严格遵照实施，切实做到文明施工、安全施工。③认真落实财务制度，建立独立账目，加强资金管理，认真执行工程款报账制度。④审计部门审计工作同步跟进，实施项目资金使用动态管理，及时纠偏。⑤强化安全生产管理，制定安全生产工作方案，配备安全防护设施，并督促施工人员正确、规范使用。⑥定期组织召开安全生产现场会，使每个参建人员将安全观念融入意识，将安全意识变成习惯。整个项目工程始终做到程序到位，资料手续齐全，切实强化资金管理，严把工程质量关。

第四节　建德市垃圾填埋场梅城处理中心

建德市辖3个街道、12个镇、1个乡。前期，建德市已有寿昌镇垃圾填埋场，消纳新安江、更楼、洋溪、莲花、寿昌等5个乡镇的垃圾。梅城、大洋、三都、杨村桥、下涯、乾潭、钦堂等7个乡镇的垃圾未统一处理，由各乡镇自行处理。受资金和管理水平的限制，大多数生活垃圾填埋场未采用防渗措施，也未建设规范的渗滤液处理设施，对地下水和周围环境存在潜在的威胁。大部分农村生活垃圾，都由每个村自行建设垃圾焚烧炉进行简单的焚烧处理，这些小垃圾焚烧炉缺乏配套的废气处理设施，对周边环境会产生较大的污染。

随着人们生活消费水平的提高，城镇生活垃圾产生量日渐增加，若不对其进行无害化处理，将会给生态环境带来重大的危害。为把建德建设成为功能明确、内外交通便捷、边界贸易繁荣、基础设施完善、具有高质量生态环境和高标准生活环境的城市，建设现代化生活垃圾填埋场，实现生活垃圾无害化处理是必不可少的。作为重要城市基础设施的生活垃圾处理设施必须与城市性质、经济发展等相适应，与城市总体发展相适应。

一、项目概况

建德市垃圾填埋场梅城处理中心用地面积约230多亩（1亩=666.67平方米），设计库容量28万立方米（一期），服务年限8年，日处理垃圾约127吨，服务人口约18.07万人。填埋场设置两座垃圾坝，并设置地下水导排系统；采用双层防渗处理，并设置渗滤液导排系统。为处理垃圾渗滤液，在场区内建造一座日处理量180吨的垃圾渗滤液处理厂，处理后的污水经纳管进入建德市五马洲集中式工业污水处理厂，处理达标后排放。此外，对原先3个乡镇的3座简易填埋场进行封场处理，封场之后进行表层覆盖及绿化等。垃圾收运采用直接运输的方式。填埋过程中通过黏土覆盖防臭气和防止垃圾飞散。

项目于2009年7月经建德市发改局批准立项；12月，建德市政府确定由建德市城市管理局负责牵头实施。项目从世行贷款1093万美元（约合人民币7000万元），争取上级补助2440余万元，其余资金由地方财政配套。

经过多处踏勘，2010年1月19日和2010年3月10日，经建德市建设局、环保局分别批准，垃圾填埋场选址确定为梅城镇姜山村青山岩后。3月12日，经建德市国土局同意通过用地预审。8月31日，经建德市发改局审核，同意修改后的工程初步设计。工程于2011年12月2日开工，2013 年9 月12 日投入试运行，日处理生活垃圾130余吨，解决了梅城、乾潭、下涯堂等7个乡镇近20万人的垃圾无害化处理问题。同时，对下涯镇、杨村桥镇、梅城镇原有3个简易垃圾填埋场进行了无害化封场治理，减少了对周边环境和居民生活的影响，为全省乡镇的垃圾无害化处理提供了一个示范。

二、项目成效

项目建成后，垃圾处理能力大大提高。改变了建德部分街道和乡镇的卫生状况，使生活垃圾得到了无害化的处理。改善后的垃圾运输设备减少了垃圾运输过程对沿途经过的街区和村庄造成的影响。

建德市垃圾填埋场梅城处理中心已成为建德市生态处置并循环利用固体废弃物的学习教育基地，参观人员对垃圾焚烧处理的全过程进行了解，从而提高爱护环境、保护地球的意识。每一个到访者，都对梅城垃圾填埋场的处理工艺、技术和环境赞不绝口。2016年，建德市垃圾填埋场梅城处理中心获全国市政金杯奖。

三、经验与启示

首先，世行项目从甄选到完成，整个项目周期长，一般5～8年。项目需通过国内和世行的前期评估和审批，内容包括项目可研报告、环评报告，土地审批、移民和社评报告等，且项目设计需有前瞻性的视野。其次，世行项目管理严格，程序复杂。项目实施要接受世行和国内相关部门的审批，如招标文件、评标、合同要符合世行的范本和指南，并接受世行监督和检查。此外，项目实施中的变更、中期调整的审批程序需要时间较长，且世行项目有明确关账日，这就需要项目实施单位时刻关注项目实施中遇到的问题，及时想办法解决，不得拖延。

世行对项目的质量、财务、环境、社会、移民、文化遗产保护等方面都有相关的政策规定，促使项目高效、合理、完善、规范地完成。一系列管理制度、标准和规程的建立，使得项目的运行管理真正做到了有制可依、有章可循。对于制度规程的执行，项目实施单位强化了上岗培训与操作考核，确保严格按制度规范执行。相关资料显示，各个项目的制度、标准和规程在工程运行过程中切实得到了持续有效的实施，发挥了指导规范作用，保障了项目运行工作的持续良好开展。

第五节 衢州市城东污水处理厂及配套管网工程和衢江区霞飞路以西建成区块污（雨）水管网改造工程

衢州市位于浙江省西部，钱塘江支流乌溪江和干流衢江畔，为浙、赣、闽、皖四省辐辏，为四省边际中心城市。城东区由东港分区、衢江城区和综合物流中心组成，规划总用地为52.66平方公里。根据《衢州工业新城空间发展战略》，城东区将成为未来工业新城“一心两翼”总体架构的重要东翼，成为以综合制造业为主、集城市配套功能的城市新区。为促进城东区的开发建设，提高投资环境质量，改善水环境污染状况和保护自然生态，衢州城东污水处理厂及配套管网工程势在必行。

一、项目概况

项目包括城东污水处理厂和管网配套工程，霞飞路以西建成区块污（雨）水管网改造工程，江滨东路及芳桂北路道路与管线工程3个子项目。新建一座2万立方米/天的污水处理厂，新建（改造）污水主管、支管网36.5公里，新建（改造）雨水主管、支管网25.6公里。排水管网全部按照重力自流。污水最低流速不小于0.6米/秒。

污水厂预处理土建按照远期处理能力5万立方米/天设计，二级和三级处理单元按照处理能力2万立方米/天设计。处理工艺为改进型序批式活性污泥法（SBR）。项目共10个世行贷款合同和1个非世行贷款合同，利用世行贷款1869万美元。

二、问题与对策

在城东区的建设发展中，出现了新情况——东港工业园区的产业用地比例下调，严格限制化工类及三类工业项目进园区，园区原有的化工企业全部搬迁。产业结构和入园企业的变化，导致实际产生的污水量少于预期。因城东区由多个行政机构管理，污水工程建设难以协调同步。2008年10月17日，衢州市府办专题会议纪要〔2008〕44号文确定：原《衢州市城东污水处理厂工程》方案调整，由衢江区自行建设污水工程。2009 年7月30日，衢江区政府召开专题会议，通过〔2009〕74号专题会议纪要，明确衢江新区污水处理厂项目名称为衢州市城东污水处理厂，规划选址位置不变。

三、项目成效

城东污水处理厂和污水管网的建成，对衢江区的污水治理起到了较大的促进作用。世行在资金和技术等方面给予项目的大力支持，对推动城镇污水配套管网建设、提高污水处理设施运营管理水平、推进“五水共治”起到了不可或缺的作用。

四、经验和启示

1.**前期准备工作应充分**。按照世界银行的要求，项目实施单位和相关管理部门结合实际对项目进行了科学、详细的论证，精心做好项目规划，充分估计了项目实施过程中可能出现的问题。充分的前期准备工作大大减少了项目实施过程中可能出现的问题和阻力，确保了项目设计的各项活动顺利实施，从而实现项目预设的目标，更好地发挥工程对地方经济社会发展的促进作用。

2.**严格遵守管理程序和规范**。世行贷款项目与国内项目的管理存在一定的差异。需要结合项目的实际情况，建立一整套符合国情的项目管理制度，严格遵守世行有关采购规则，做好项目前期招投标和建设过程的监督管理。项目工作人员要稳定，尤其是财务人员，不能频繁更换，如果不了解项目的情况，不熟悉相关规程等，会影响项目的提款报账效率。

3. **项目设计论证要有前瞻性**。设计是项目周期的第一步，科学设计至关重要。在项目评估论证时，要坚持科学、全面的可行性论证，包括对项目实施过程中可能面临的各种问题，如投资额度变化，对周边环境产生的影响，是否进行移民搬迁，可以预见的经济效益和社会效益等，都要进行科学的分析和预测，防止项目建成后不适应地方经济环境发展的要求。在进行详细设计前，应得到足够的信息（特别是工程地质资料），以便在施工阶段减少不必要和可预防的变更，避免工程延期。

4. **加强技术培训，完善服务体系建设**。由于许多污水处理设备和环境监测设备都是国外进口或合资生产的，技术先进，项目实施单位应注重相关技术培训。接受培训的人员涵盖技术人员、项目管理执行人员等。这不仅提高了受培训者的技能，也为项目的顺利、高效执行提供了保证。项目实施单位也应注重建设专业化项目支持服务体系，根据不同地区的自然地理条件和社会经济发展水平，因地制宜，采取政府主导、市场运作的方式，发展和完善项目支持服务体系。

第六节　兰溪市游埠镇污水处理（一期）工程和游埠古镇基础设施项目

兰溪市位于钱塘江中游，婺江、衢江、兰江汇合点，素有“三江之汇，七省通衢”之誉。游埠镇位于兰江畔，为“钱江上游第一埠”。

随着人民生活水平的不断提高，游埠镇对环境质量的要求也相应提高。过去，因上游工业废水和两岸生活污水的直接排放，垃圾漂浮水面、堆积两岸，河水发绿且脏，兰江两岸景观被破坏。由于没有完善的污水排水系统和污水处理厂，大部分地区仍采用雨、污合流的排水系统，污水未经处理直接排入衢江和游埠溪。工业废水少量经简单处理后排入衢江水体，对水体造成污染。水环境的污染对生态及居民的生活环境造成一定影响，成为制约游埠镇社会经济发展的因素。

为了保证游埠镇经济的可持续发展，改善投资环境和开拓旅游产业，促进环境综合整治，防止地表水水质进一步恶化，兰溪市游埠镇人民政府提出了建设兰溪市游埠镇污水处理（一期）工程和游埠古镇基础设施项目。兰溪市游埠镇污水处理（一期）工程和游埠古镇基础设施项目是古镇保护系统工程的切入点，为游埠古镇保护拉开了序幕。

一、项目概况

项目包括游埠镇污水处理厂、古镇基础设施建设两部分。

游埠镇污水处理厂设在郎家村游埠溪北侧，污水处理工程包括镇区和工业园区污水收集与处理系统。污水厂采用改进型SBR工艺。配套土建按照1万立方米/天建设，处理单元按照 5000立方米/天设计建设；污泥干化后送北京桑德环保公司兰溪垃圾填埋场处理。

古镇基础设施建设包括道路建设、市政管线敷设、河道整治及景观建设3个部分。古街路面修复：解放街旧名中正街，起点为派出所，讫点为酱油厂，全长560米，红线宽度3～5米；中山街旧名前街，起点为上宋管理处，讫点为粮库，全长600米，红线宽度3～6米；新区道路建设包括天福路北起永兴路，南至永福路，全长424米，道路宽24米；永兴路西起焦山–330接线，东至天福路，全长340米，道路宽24米；永福路西起焦山–330接线，东至平安路，全长714米，至天福路交叉道路宽24米，与天福路交叉至终点道路宽15米。市政管线敷设包括古街中山街和解放街的污水、雨水管线敷设；新区道路永兴路、永福路、天福路的污水、雨水管线敷设；永兴路延伸至永福路段的污水管线敷设。河道整治及景观建设：改造段古溪全长740米，包括古溪驳岸整治及沿岸景观营造。

二、项目成效

游埠镇污水处理（一期）工程和古镇基础设施项目完工后，沿街铺上了青石板，杂乱的管线入地；垃圾定点投放、专门处理；周边企业废水和雨水、生活污水，一并纳入管网…… 兰溪游埠镇污水处理和古镇基础设施工程的实施，极大地改善了游埠古镇的水环境，有利于钱塘江源头的生态保护。

“整个环境有了质的提升，百姓的陋习也有了转变，外来的游客也多了很多，古镇多了活力。”一家酥饼店的柳老板笑容满面地说，他们的生意，比以前好了一倍多。

三、经验与启示

对主要街道和河道等相关基础设施的建设和整修，可以更好地提升古镇整体的旅游形象，更有效地挖掘资源优势在商业、文化等方面的增值潜力，促进休闲、消费一条龙服务的加速形成，最终带动游埠镇旅游业健康快速发展。而旅游业是海绵状产业，包括食、住、行、游、购、娱六大要素，涉及第三产业的方方面面。它的发展还能带动或派生出很多新兴产业，不仅能开拓巨大的就业空间，还将促进社会经济协调发展，促进历史文化遗产的保护。保存一个典型又完整的古镇形态，成为古镇旅游业开发的启动器，有利于推动游埠古镇的社会经济发展。

第七节　磐安县尖山污水处理厂（一期）工程

磐安县是浙江省四大水系的分水岭，钱塘江、瓯江、灵江、曹娥江的主要发源地。尖山镇位于磐安县东北部。尖山镇的水污染治理和控制，关系到浙江省四大水系的水环境保护，关系到千万人民的用水安全。因此，磐安县尖山污水处理工程的建设，不仅是保护本地区水资源的需要，更是保护浙江省四大水系水资源的需要，是推进尖山镇、磐安工业园区区域水环境治理向纵深发展的需要。

2006年省级开发区——浙江磐安工业园区落户尖山镇。2007年尖山镇被确定为省级中心镇。随着尖山镇、磐安工业园区等区域经济的快速发展，市政基础设施落后于经济发展的步伐。污水排放系统存在问题：老镇区排水体系基本上为合流制，污水基本未能通过污水干管收集处理，而主要通过雨污合流管就近排入河道；村庄规划区域内人口逐年增加，污水量也逐年增加，没有统一的污水排放系统，大量生活污水直接排放，造成水体污染，导致河流水质有恶化的趋势；磐安工业园区、浙中生态茶叶市场等集中在工业区内，没有规划建设统一的排水系统，造成了水体污染。为提升尖山区块的水环境质量，建设环保模范城镇，当地政府不断加大对污水处理工程建设的投入。浙江磐安工业园区管委会、尖山镇政府决定，实施尖山污水处理厂工程，从根本上解决水环境污染问题。

一、项目概况

尖山污水处理厂（一期）位于尖山镇下祥坑（张浩路以东，环城南路东南部地块），污水日处理量为6000立方米。项目建设包括污水处理主体工程（主要包括预处理构筑物、生物反应池、沉淀池、高效纤维滤池、消毒渠等）；污水主干管系统（3座污水泵站、尖山片污水输送主管线）；管理用房、场内给排水及供电系统；机械设备供贷与安装；场内道路、围墙、绿化等相关辅助设施。建设年限为2011—2013年，建成后出水水质达到《城镇污水处理厂污染物排放标准》（GB 18918—2002）一级A标准，尾水排入下夹溪Ⅲ类水功能区。项目批准投资5085万元，征用土地 25.4 亩，服务尖山镇规划区范围及磐安工业园区约 14平方公里的生活污水和少量工业废水。

项目由中国煤炭科工集团杭州研究院设计，核工业金华工程勘察院承担勘察。金华永安建设监理有限公司负责施工监理。2011年7月底，完成工程招标，中标单位是杭州市设备安装有限公司，中标合同价3051.0191万元（其中不可预见费400万元）。2011年8月25日开工建设，工期2年。

2013年9月，完成项目主体工程初步验收，开始联机调试运行。12月12日，通过竣工验收。2015年2月11日，完成污水处理厂工程决算审计，审计核定造价3134.7221万元。累计完成投资4598.6万元，其中世行贷款383.83万美元。项目投入使用后，为进一步完善区域内污水管网连接，浙江磐安工业园区开发投资有限公司又新建了磐安工业园区4号泵站及配套管网工程。同时，为更进一步加强污水处理效果，项目新建了磐安县尖山污水处理厂尾水深度处理复合生态湿地工程。该工程采用微污染水生态系统净化的工程手段，充分利用太阳能和自由水面，建立高效浮化物理–植物生态系统，高效净化污水处理厂尾水。

二、问题与对策

项目施工过程中发现，污水管道设计施工图与现场地形不符。2012年12月5日，召开管网专家论证会，并咨询项目顾问上海宜生公司意见，结合现场实际地形情况，对管网设计方案进行了修改。变更后，项目实施顺利。

考虑到磐安工业园区开发有限公司缺乏相应的技术人员，经县政府同意，该项目建成投入使用后，污水处理厂运营实施委托运营管理方式。

三、项目成效

在运营单位的专业管理下，尖山污水处理厂运行效果良好，各项设备设施达到了预期目标。2016年1—5月，完成污水处理总量69.5万立方米，平均污水处理负荷率达76%，污泥处理总量208吨，污泥送尖山垃圾填埋场填埋。污水处理达到一级A标准后排放。

后期建设的尾水深度处理复合生态湿地工程对尾水进行深度处理，改善了项目区及周边的生态环境、居住环境、生活环境和工作环境，保障了清水入溪，为下游居民提供安全、可靠、健康的原水。绿叶红花组成的湿地公园，一改大家对污水处理厂的印象，守护了尖山镇的自然美景。

四、经验与启示

完善的项目管理制度、安保政策及施工计划确保了项目的顺利实施。施工单位严格按照建设工程项目管理制度，从岗位责任、文件资料管理、现场考勤、档案管理、施工现场生产、临时用电、保卫、消防、质量管理等各个方面，实行有效管理。为了保质保量地完成项目建设，项目办制定了相应的风险控制方案、项目施工方案、安全方案、突发事件应急预案等。为了更好地进行施工监督管理，项目办制定了磐安县尖山污水处理厂进度计划表，详细地对每个子项目基础、主体建设进度的施工时间进行了安排，既方便承包商的自我进度管控，也方便项目实施单位、监理公司对项目建设过程的有效监督管理。

第八节　磐安县深泽环境综合治理项目

磐安县深泽片区位于磐安县西南部，安文溪上游的主要支流翠溪穿越深泽主片区。根据《磐安县域总体规划》（2006—2020），深泽片区作为磐安县城市建设的主要区域之一，以发展生态型加工和商贸为特色的工贸区为主要职能，城市发展区域主要沿翠溪和磐缙公路展开。

由于深泽片区内的排水设施很不完善，基本无污水、雨水收集管网，污水和雨水直接就近排入深泽溪、翠溪等河流。根据磐安县总体规划，深泽片区的污水收集后排入已建成的磐安污水处理厂处理。该污水处理厂现阶段处理规模为1.5万立方米/天，设计总规模为5.0万立方米/天。

根据防洪标准，翠溪经过磐安深泽片区时应按照50年一遇标准设防。深泽片区段属于乡村地区，没有建立起标准的防洪体系，防洪等级、防洪堤坝，与规划新城区50年一遇防洪要求相差很大，无法满足城市建设的需要。据《县城新区上产—深泽段河道防洪规划》，翠溪河道规划宽度统一为20米。

城区交通主要是穿越城区的磐安缙云公路。由于道路很窄（路基宽约8.5米，路面宽7米），设计车速1小时40公里，对城市内部交通阻碍较大，无法满足新城区发展的需要。据深泽片区控制性详细规划，磐安缙云道路深泽片区段需要拓宽为25米。

一、项目概况

为满足磐安县深泽片区的发展需要，完善新城区内排水、防洪、道路等配套设施，工程建设内容包括3部分：殿口至柘岭头道路拓宽改造工程，改造道路4.3公里，并沿线敷设雨污管网；翠溪防洪堤及污水管道工程，翠溪下马溪村段截弯取直，修建防洪堤2.3公里，并沿河敷设污水管道；深泽至县城的污水干管工程，沿磐缙公路敷设污水干管2×5公里。

二、问题与对策

工程实施前工程建设所涉及的土地基本征用到位，但是有小部分土地因设计施工管线变更需重新征地，该过程中设计变更、土地征用影响施工进度；还有小部分土地，因个别村民在土地征用过程中要求一并解决其他方面的问题（如安置宅基地），或因新农村建设等各方面的因素而没有到位，施工进度相对较慢。

三、项目成果

①环境效益显著。项目建成后能收集新城区深泽区块生产的生活污水，通过管网输送到污水厂处理，对该区块环境治理起到治本作用，彻底解决了水污染问题。对环境治理效果明显，影响持续、深远，具有示范带动效果。②促进了新农村建设。通过防洪堤及污水干管建设，促进沿线部分农村进行新农村建设。③提高了群众生命财产安全性。翠溪两岸防洪堤的建设对防洪起决定性作用，能有效保障翠溪两岸群众生命财产安全。

四、经验和启示

世行对项目管理认真负责，经常到施工现场实地督查，对项目建设、质量抓得紧，这种严谨的工作态度、工作方法值得称道。同时，对项目办的支持及时到位，通过各种培训等，不断提高管理人员技术水平。另外，对工程款支付也非常及时。对于世行合作项目，项目前期工作从立项到可行性研究等都要按实际情况，尽可能仔细做好，避免设计与施工实际不符而导致工程无法如期完成、工程费用大幅超出合同价。

第九节　磐安县安文镇云山片区污水管网工程

磐安县安文镇云山片区位于钱塘江支流金华江的上游，东阳水源地南江水库的上游。根据《磐安县污水工程专项规划》，云山的污水需纳入县城安文镇的污水系统。由于度假区开发建设需要，污水收集系统建设迫在眉睫。因此，云山片区污水管网工程的实施，不仅是完善云山片区基础设施的需要，也是完善磐安县污水系统的需要，对减少污染物排放、保护水源具有重要的作用。

一、项目概况

云山片区污水管网工程主要包括1座污水泵站（云山泵站近期0.2万立方米/天，远期0.5万立方米/天）、17公里污水管线和8.5公里河道驳坎。

二、问题与对策

项目自2011年5月开始实施，由于受42省道建设的影响，区域规划进行了重大调整，未能按原计划进行。2013年1月，磐安项目办向省项目办提出该子项目采用国内资金实施的要求。2013年11月，世行检查备忘录中明确，该子项不再使用世行贷款。省项目办在2014年1月28日提交的世行项目中期调整报告中，向世行提出了取消该子项目的建议，得到世行同意。项目全部利用自有资金建设，未使用世行贷款资金，但作为整个打捆项目的一部分，世行始终关注项目的进展及施工情况和成效。

三、项目成效

项目位于云山片区的核心地带，因此除考虑生态环境保护与实用方面的功能之外，还应结合新农村建设和度假区旅游综合项目和谐融合的特点，进行河道景观的创意设计及泵房的合理安排。项目在设备选型、管材选择、建筑设计诸多方面，遵循了节约能源的法律法规、政策和规范，从多个方面和环节强化节能措施。河道驳坎都以自然的鹅卵石筑砌，不破坏自然水系；管道、管径和管线走向都经过严格计算，管线尽可能走捷径以减少管道长度和其配件，管材选择实用、耐久、经济的，从而节省投资；管道敷设充分利用地形的自然降坡，减少中途提升泵站，有效节省污水提升所需能量。项目的实施大力推动了云山片区的建设和发展，极大地减少了污染物的排放，有力地保护了文溪上游的水资源。

第十节　桐庐县江南镇污水管网工程

桐庐县位于浙江省西北部，钱塘江支流富春江（桐庐段称桐江）与分水江在城中缓缓流过。江南镇位于桐庐县东部，由原深澳镇、石埠镇、窄溪镇3镇合并而成，江南镇镇域面积为78.2平方公里。原窄溪镇有一个简易水厂，供水能力为1.0万立方米/天，水源为地下井水。路网是以原来老镇为主体的相对独立的道路交通，道路断面仅6～8米。与道路配套的污水排放、雨水排放管道系统也没有形成。生活污水一般由化粪池自然排放；工业企业污水目前总量较小，一般经过预处理后直接排放入附近河道。随着全镇经济和社会的快速发展，全镇工业和生活污水量急剧增加，而江南镇没有污水收集处理设施，污水直接排入内河及富春江，对区域水域造成了一定污染。

为解决当地水污染问题，改善生态环境质量，决定建设污水管网工程。通过本工程的建设，形成覆盖江南镇主要居民区及近期建成工业园区的污水收集排放系统，污水收集后由桐庐污水处理厂处理。

一、项目概况

根据江南镇规划，利用已有的桐庐污水处理厂的处理能力和凤川泵站及污水管道的输送能力，将江南镇收集的污水输送至桐庐污水处理厂集中处理。建设相应的道路和排水管网体系，将道路、污水、雨水管网一并纳入建设内容，目标是使江南镇污水收集率达到80%。污水收集系统分东、西两片区。收集的污水由截污主干管运输至1号污水泵站，经泵提升后沿金浦路由东往西至中心大道，再沿中心大道至320国道，沿320国道至已有的凤川工业园区污水泵站。在东片区设2号污水泵站，将收集的污水送至1号污水泵站。

二、问题与对策

1.**项目实施管理机构设置**。项目准备时就项目办设置问题，江南镇政府与世行项目经理白爱民有过充分的讨论。白爱民希望项目办设在县建设局。江南镇政府坚持要求设在江南镇政府，认为项目本身在江南镇，还是由镇长担任项目办主任为宜。省项目办支持江南镇的建议，最终项目办设在江南镇政府，由桐庐县项目领导小组领导。

2.**土地指标导致的实施困难**。2011年新一轮土地利用规划修编时，项目受困于土地指标的限制，部分合同在实施中遇到用地困难。在世行及省项目办的支持下，对部分合同进行局部调整，将原来6个合同调整到5个合同，从而促进项目的持续推进。项目于2010年11月开工，2015年12月竣工。

三、项目成果

在项目的带动下，镇建成区的污水管网均已经基本敷设到位，总计完成敷设污水管网12.4公里，覆盖建成区域已达到2.6平方公里，占建成区的86%。剩余的前村自然村和沈家自然村也通过农村生活污水处理工程解决了污水排放处理问题。镇建成区因此实现了污水处理全覆盖。

四、经验与启示

世行非常重视项目前期论证，在项目前期申请申报中，世行专家多次到江南镇进行实地调研，并就项目的设计、采购等给予积极指导。考虑当地的实际情况，世行专家建议申报项目从建造“污水处理厂”调整为实施“污水管网工程”，使项目实施更加符合现状，更加科学。

第十一节　龙游县城北区域给排水工程

龙游县位于浙江西部金衢盆地，钱塘江干流衢江、灵山江穿城而过。城北区是县发展工业经济的重要区块，有2003年初创建的浙江龙游工业园区。该园区于2006年3月被省政府批准为“省级工业园区”，6月被批准为“省级经济开发区”。园区基础设施建设是吸引开发商参与投资的重要条件，给排水工程因此被提上日程。项目覆盖龙游工业园区6.7平方公里，惠及企业六七十家、周边5个村6000多人。

2008年，一期地块的基础设施建设已基本完成，形成了以特种纸、五金机械等产业为主的产业集聚。二期地块的开发，需要完善路网（确保交通畅通）、给水和排水系统、生活污水收集处理基础设施等。

一、项目概况

龙游县城北区域给排水工程目标为实现园区内部及周边村庄连接道路、供水、污水、雨水管网一体化，供水率、污水收集率达到90%。项目内容由世行贷款和非世行贷款两部分组成。世行贷款部分包括新建污水管道、雨水管道、净水输配水管道、工业供水输配水管道和道路各7.3公里；尾水排放管道1.0公里；近农村地区输配水管道、污水管道和尾水排放管道各1.4公里。非世行贷款部分将新建污水、雨水、净水输配和工业输配水管道11.8公里，道路11.8公里。其中尾水排放管道是龙游城北污水处理厂的配套工程。该污水处理厂（4万立方米/天）可行性研究报告于2008年7月获得省发展改革委的批复。2009年4月厂区部分完成了BOT（建设-经营-转让）招标。为保证龙游城北污水处理厂建成后的正常运行，龙游城北污水处理厂尾水排放管被纳入世行贷款项目。

二、项目成效

项目历时5年完工。完成污水管网敷设约8300米，雨水、供水管网敷设约7300米，完成行政村周边管网敷设。管网收集污水排入园区专有污水处理厂，进行处理后排放至衢江；污泥现阶段输送至垃圾填埋场填埋。污水接入约3200户，居民生活用水平均2827立方米/天，污水纳管单位排污量平均17457立方米/天，污水收集处理率达到90%，实现整个园区二期7000公顷土地的污水收集。污水厂于2014年11月完成二期扩建工程，现有污水处理能力达8万吨/天，2015年12月平均进水COD为281mg/L，出水口COD为22mg/L。累计至2015年底，污水处理量已达1770万吨，其中生活污水占18%（含农村、企业、学校、商店等）。

“现在马路变宽变平了，污水集中处理排放，村民家里清洁也搞得很好，整个环境卫生大变样了。”龙游县城北区域的一村民为给排水工程叫好。

三、问题与对策

1.项目移民征地政策实施难。部分项目涉及征地移民，因与村民心理价位相差甚远，要用大量精力处理，是制约项目实施进度的关键。这需要在项目开始即高度重视。

2.人员的不稳定影响项目实施。世行项目历时较长，从前期准备到实施完成，一般需要7年时间，而基层一般工作人员3年左右至少调动一次岗位。工业园区是龙游县工业主战场，干部调动更频繁。项目初期的管理人员在项目实施过程中被全部调离，一定程度上影响项目的实施。尽量保持人员的稳定有利于项目的顺利实施。

四、经验与启示

1.建立严格规范的管理程序。起初龙游县项目办不太适应世行贷款项目严格、规范的管理程序，一边实践一边学习。事实证明，这套程序是科学合理的，是行之有效的。其对龙游项目办提高管理水平有着很大的帮助，项目办借鉴世行项目管理的模式并已经逐步将其应用到其他工作中。

2.**拓宽资金渠道**。世行贷款弥补了项目建设资金的不足。2010年，龙游工业园区正处于建设的高峰期，但县财政资金不充裕，影响二期建设进度。世行贷款项目资金可谓雪中送炭，解了燃眉之急，为园区的稳定发展提供了基础保障。

3.**注重人才培养**。世行贷款项目注重对项目管理人员的培训，多次组织人员培训学习，提高其管理水平。参与世行项目的工作人员得到了很好的锻炼和提高，积累了宝贵的经验。不少成员得到组织的认可，被提拔到其他岗位上发挥着重要作用。

4.**重视合同管理**。世行贷款项目重视合同管理。世行项目尊重合同，合同签订后，严格按照合同条款和条件执行，对于树立“契约精神”是一个很好的示范。

第六章

钱塘江流域小城镇环境综合治理项目实践

光阴似箭，穿越岁月年轮，如同我们头顶的苍穹，日升月落，亘古如斯。时间点滴流逝，我们欣喜地看到：脚下的土地、呼吸的空气、门前淌过的河流，都在悄然发生改变。

钱塘江项目的建设，在完善浙江省钱塘江流域小城镇市政基础设施、提高钱塘江流域水环境质量、改善人居环境、提高居民生活健康质量等方面起到了积极而实在的作用。

如今，行走在浙江大地，各具特色、各美其美的景象如画卷徐徐铺展。水清、天蓝、地净，浙江一步步向前迈进。据统计，2017年浙江全省221个地表水省控断面Ⅰ～Ⅲ类水质占82.4%，69个县级以上城市日空气质量优良天数比例为90.0%，全年生态环境质量公众满意度同比上升2.3个百分点，连续4年呈上升趋势。这些变化融于我们的生活，与每一个浙江人息息相关。

凡是过去，皆为序章。走在浙江的大地上，我们看着汹涌奔腾的钱江潮，怀揣着对美丽浙江、美好生活一如既往的向往，继续前进。行百里者半九十，治水没有回头路，治水还需撸起袖子加油干！

第一节　几个脚印

回顾项目实施的历程，并不是一帆风顺的。问题需要脚踏实地地去解决，踏石留印。一些留下的脚印，是值得回味的故事。

一、政策的差异案例之一

投诉是招标采购中的常见问题，需要审慎处理。2011年3月23日，某子项目办向省项目办公室反映，该项目的设备合同招标中，次低评标价投标人向市、区纪委投诉。投诉要求：①提供评标过程中进行询标澄清的依据；②说明为什么要进行两次评标。3月25日，项目实施单位给区纪委提交了书面的说明。

世界银行贷款是报经国务院批准的政府外债，浙江钱塘江流域小城镇环境项目利用世行贷款1亿美元，其中XX工程拟利用世行贷款ZZZ万美元。2011年3月3日，财政部与世行签署了项目的《贷款协定》，浙江省人民政府和世行签署了《项目协定》。协定中均明确规定项目的全部采购按照《国际复兴开发银行贷款和国际开发协会信贷采购指南》（以下简称世行采购指南）执行。同时，我国《招标投标法》第六章附则的第六十七条也规定："使用国际组织或者外国政府贷款、援助资金的项目进行招标，贷款方、资金提供方对招标投标的具体条件和程序有不同规定的，可以适用其规定，但违背中华人民共和国的社会公共利益的除外。"

因此，XX工程机电设备供货、安装及调试采购的招标文件，按照世行采购指南规定的世行标准文本编制。合同招标文件于2010年12月29日获得世行批准，次日按规定在《中国经济导报》发布招标公告。2011年1月28日，在YY区公共资源交易中心开标，2011年2月25日完成评标工作，2月28日评标报告和授标建议获世行批准。

关于制造商授权书不全或缺漏，是否可以通过询标补充的问题，依据招标文件中投标人须知第28.1条："为了对投标文件和投标人资格进行审查、评审和比较，业主可以自行决定要求任何投标人澄清其投标文件。"经评审，最低投标价的投标文件中，提供了主要设备的制造商授权书，少数设备的制造商授权书存在缺漏。根据招标文件中的投标人须知第37.4条："评标价最低投标人在其投标文件中建议的参与制造商和分包商，应由各方的意向书来确定（若需要的话）。"此外，按照第三章"评标和资格标准"要求，应对评标价最低投标人的投标文件中建议增加的或不同的制造商和分包商的能力进行审查。若有任何增加的或替换的制造商或分包商被认为不可接受，其投标文件不会被拒，但要求投标人在不改变投标价格的情况下替换一可接受的制造商或分包商。签署合同之前，应完成关于该合同协议的相应附录，在附录中给出关于每个项目的被认可的制造商或分包商列表。

即业主可以要求建议的中标人在签署合同之前，补充完成关于该合同协议的相应附录，在附录中给出关于每个项目的被认可的制造商或分包商列表。

两次评标会议解决分歧。依据招标文件中投标人须知第28.2条："若投标人收到采购代理机构发出的询标函，在规定的日期和时间没有提供澄清答复，则其投标文件就可能被拒绝"。本次招标、开标和评标工作，由项目实施单位委托采购代理，在某市某区公共资源交易中心组织开标和评标。评标委员会由区招标办在其专家库和省交易中心专家库抽取组成。2011年1月28日开标后，评标委员会组织对所有投标文件进行了详细评审。在评标过程中发现，4家投标人的投标文件均存在瑕疵，且只有1家投标人的报价与世行评估确认的合同估算接近，其他3家投标人报价均超过该估算的48%。根据世行采购指南第2.63条："借款人应调查费用过高的原因，并全面评审后，才能授标。"为慎重起见，在监督部门的现场监督下，对全部投标文件进行了封存，项目实施单位立即委托事务所对合同估算进行重新核算，重新核算后的估算与原合同估算基本相符。2月25日召开了第二次评标委员会会议，根据招标文件中投标人须知第28.2条，评标委员会对最低价投标人进行了询标，完成澄清后，根据评标结果完成评标报告。当天报省项目办转报世行，世行于2月28日批准该评标报告。

二、政策差异案例之二

A市BC镇DD工程是世行后审合同。市项目办于2013年11月13日上午9:30（北京时间）在A市公共资源交易中心组织开标、评标。在评审过程中发现，报价最低的EE公司和FF公司联合体提供的相关资质，达不到招标文件的规定。评标委员会一致同意，推荐报价次低的GG公司和HH公司联合体为中标候选人。

评标结果于2013年11月13日在当地交易中心网站上进行公示。2013年11月15日，市监察局收到另一个投标人II公司的书面投诉，质疑中标候选人的项目经理CZ正担任某市一个LM工程的项目经理，且该项目未完工。

2013年11月19日，市监察局电话告知市项目办：经监察局的现场核实，投诉情况属实，"该LM工程项目确实还未完工"，并将该LM工程业主JJ出具的情况说明传真给招标代理。招标代理同日向GG公司发出询问函，次日收到该公司提供的由该工程业主JJ出具的证明材料，证明由项目经理CZ负责的某市LM工程已基本完成工程内容。根据我国《注册建造师管理规定》第二十一条：注册建造师不得同时在两个及两个以上的建设工程项目上担任施工单位项目负责人。招标代理公司电话咨询世行采购专家。世行采购专家认为，采购代理有权向投标人询标，可就此事询问投标人，如果能换一个项目经理可节省不少钱，不支持废标。

2013年11月20日，A市项目办向省项目办报告，并提出两个处理方案：①接受GG公司和HH公司联合体现有项目经理或允许其更换一名满足招标文件要求的项目经理；②取消GG公司和HH公司联合体中标资格，按招标文件要求选取其他符合招标文件要求的投标人为中标候选人。要求省项目办报世行审定，并请世行书面回复。

2013年12月10日下午，世行采购专家致电省项目办，征求世行项目经理意见后，回复邮件如下：

尊敬的AA主任：

根据你们提供给我们的电子邮件，我们要阐明以下观点：①如果评标已表明该投标人实质上响应了招标文件的要求，但有非实质性的偏差，在项目经理没有完全满足招标文件要求的情况下，最好的选择是要求投标人提供一个合格的项目经理，该项目经理能更好地满足招标文件的要求；②如果与你们提供的信息一样，建议的项目经理已几乎完成了之前的工作，该项目经理可以被考虑作为本次采购的施工合同的项目经理。

因为你们是采购方，请继续完成本次评标工作。

GY

项目经理

省项目办将上述邮件转A市项目办。A市项目办要求省项目办出具一个转发文件。2013年12月11日，省项目办转发函如下：

现将世界银行项目经理GY 2013年12月10日关于“BC镇DD工程评标中有关问题的请示”的回复意见转发给你办（附件），请按回复意见要求做好评标后续工作。

2013年12月16日，A市监察局给省项目办发“关于BC镇DD工程招投标处理意见的函”。希望世界银行出具允许GG公司投标弄虚作假中标有效的相关证明文件（证明其行为的合法性），以文件形式回复。如无法证明，将按照《中华人民共和国招标投标法》相关规定进行处理。12月17日，省项目办将A市监察局的函转世行。世行口头回复，这是一个后审合同，他们将进行事后审查，如果不符合世行采购的规定，不能支付世行贷款。12月20日，A市政府召开各有关部门参加的协调会，会议讨论决定，按世行12月10日邮件意见实施。

三、移民安置

受项目影响的非自愿移民，面对拆迁安置的机遇会提出各种要求，政策处理中又涉及市政府、镇政府、村民的利益关系，处理好这些关系是一项十分艰巨的工作。在项目中，有一个市的两个子项目分别需要安置移民14户和35户，该工作所经历的时间跨度长，处理难度大，是影响整个项目顺利完成的难题。按照世行批准的项目移民行动计划，2011年底要完成移民安置工作。在项目实施中，这两个子项目的移民安置进度明显滞后于计划，到2012年底未完成移民安置工作，成为世行和省项目办重点关注的问题。

2013年上半年，世行项目经理闫光明率团到该项目现场检查。承担移民安置工作的两镇政府派代表参加了与世行检查团的讨论会。讨论会分析了面临的困难，讨论加快推进的措施，制订了行动计划。

2014年度的两次世行现场检查发现，移民安置房因种种困难，未开工建设，讨论确定的建设计划一再推迟。

2015年5月18日，世行上半年现场检查，与市项目办讨论再次确定土地征收、房屋建造和房屋分配的建设工作时间表。子项目一：2015年10月安置房建设开工，2016年11月底前完工，2016年12月31日（世行贷款关账日）前完成房屋分配。子项目二：35户移民安置家庭已同意搬迁，并与镇政府签订了合同。所有房屋均已拆除，有的采用政府建造的临时住房过渡，有的由政府提供补助租房作为过渡，正式置换房屋正在建造并即将完工，2015年8月底之前将房屋分配给受影响的家庭。

2015年11月2日，世行下半年现场检查。子项目一的安置房已经开工建设，施工现场有3台大型塔吊在进行作业。从效果图看，小区内共有38幢3层和稍高些的多层排屋，现场图上标明计划于2016年9月完成施工。子项目二移民安置家庭的置换房屋已完工，正在房屋分配过程中。

2016年4月4日世行上半年检查时，两个子项目的安置房建设和分配工作滞后于计划，因此再次与市项目讨论确定新的行动计划。子项目一：9月底前完成安置房验收，11月底前将新房交付给受影响的家庭。子项目二：6月底前完成安置房屋分配。

2016年8月9日，闫光明经理和移民专家姚松龄专程到项目市安置房现场督查。子项目一安置房已经建成待分配。镇政府正在抓紧分配工作，已进行分配方式公示，告知先抽选房顺序，再抽房子的两次抽签方式。子项目二35户移民安置家庭需和该镇其他265户同步安置，这是该镇十几年来发展中积累的下山移民、开发区移民。因时间、政策要求不同，处理难度很大，确定9月10日前完成子项目二的安置房分配。9月11日，子项目二的35户移民安置家庭中31户抽取了安置房，其余4户未参加抽签。

12月19日，世行项目经理和移民专家再次现场督查关账前所有遗留问题，主要是这两个子项目移民工作的完成情况。子项目一的14户移民安置家庭中9户选择现房安置，其余5户尚未解决。子项目二的安置房通过9月11日、12月1日两次分配，已向35户需要移民安置的家庭交付钥匙。

12月20日，世行、省项目办、市政府领导和有关部门代表在市政府会议室开会。副市长参加会议并介绍情况，14户移民安置家庭中9户选择现房安置，5户选择货币安置。9户现房安置家庭中的8户已经完成抽签，6户已经领取钥匙，2户尚未领取钥匙。未抽签的1户移民因安置房需要补交9万元的差价，无力一次性支付，又不急于入住，想推迟付款。世行专家姚松龄要求项目办到移民家中访问，让房主出具情况说明并签字。项目办工作人员当天下午到户主家，让其抽好签。5户选择货币安置的家庭完成协议签署，政府将钱支付给他们，这个移民安置的难题终于画上句号。

在子项目一的安置房现场，大家高兴地拍照留念。副市长深有感触地说，子项目一的一期工程也是他亲自抓的市政府重点工程。当时已经按环保要求，为这些移民找到一块好地。后来村民不想搬，就搁置下来。现在二期利用世行贷款项目，向世行承诺实施移民安置计划，村民开始还是不想搬，到最后有这么好的房子，他们说也是没有想到的。他说，这3年中，市政府为解决世行项目的征地、移民安置问题开各类现场会、协调会不下100次。特别是在最后一个月，面对剩余的14户拆迁户，市主要领导带领相关部门和镇村负责人上门与村民面对面商讨解决，平均每户上门20余次，最多达百余次。特别是对困难群体，主动上门走访慰问、讲解政策、帮助解决实际困难，最终赢得了百姓的理解和支持，确保了整个征地移民过程的平稳有序。

第二节　细节见真谛

钱塘江流域小城镇环境综合治理项目作为浙江省自1984年利用世界银行贷款以来首个最高评级项目，为提升浙江省项目管理水平和外资利用水平积累了宝贵经验。世行项目以创新办法寻求化解矛盾的“钥匙”，以创新思路萃取化繁为简的“良方”，以创新举措打开实现突破的“锦囊”。以小见大，见微知著，项目因一个个细节而完美。

一、追溯性贷款

《贷款协定》约定，在2010年5月1日之后至本协定签字日（2011年3月3日）（协定生效日是2011年5月）前12个月发生的合格费用，不超过2000万美元，可追溯报账。充分使用世行追溯性贷款的政策是本项目的一大亮点，其为世行贷款合作项目提供了优秀样本。

其中，因追溯性贷款规定，受益最多的就是金华市婺城区汤溪水厂及供水管网工程项目。由于用水矛盾突出，婺城区委区政府下了死命令，要求汤溪水厂2010年9月开工，在2011年6月底前必须保质完成。命令下达后，工程进展迅速，至2011年5月6日已支付工程预付款、进度款计1938万元。项目生效后，按约定的报账比率，顺利从世行获得了追溯性贷款。如果没有追溯性条款保障，项目建设的资金、进度都将是重大难题。

二、公众参与

在环评报告环节加入公众咨询，是对公众知情权、监督权的有效保障，让公众参与更加规范并更有效地发挥作用。

在按世行要求进行的环境影响评价过程中，环评报告编制单位十分关注公众咨询。2008年3月12日，环评报告编制单位和项目实施单位走访了拟建厂区及管道沿线村民，咨询关于金华市婺城区汤溪水厂及供水管网工程建设期及运营期大家主要关心的环境问题，充分听取公众意见，确保不同利益群体的意见和建议平等地表达。2009年10月31日，项目环境影响公众座谈会在莘畈水库管理处四楼会议室组织召开。项目实施单位、环评报告编制单位、影响村庄代表共20人参加了会议。各村民代表谈感想、提建议，集思广益、踊跃发言，气氛热烈。会议一共提出了3条意见：①关闭水库上游猪场；②水源保护对周边村民造成的经济损失应由政府补偿；③尽早出台政策处理等。对于其中合理的建议，均予以采纳。2009年11月27日，金华市婺城区汤溪水厂及供水管网工程环评报告和环境管理计划通过当地报纸《今日婺城》和当地网站婺城区政府网信息公开，并告知公众可在莘畈水库管理处查阅相关报告，从而提高项目工作的透明度。

三、“事业单位”

中国的事业单位是指国家为了社会公益，由国家机关举办或者其他组织利用国有资产举办的，从事教育、科技、文化、卫生等活动的社会服务组织。外国没有行政事业单位这种叫法，自然无法理解。在项目甄选时，关于项目业主单位金华市婺城区莘畈水库管理处的性质，翻译向世行财务专家克努德解释何为“事业单位”时就闹了小笑话。在他们的概念里，要么是政府机关，要么是企业单位，他们很难理解介于这两者之间的中国特色的“事业单位”。当时，会议上世行团的工作人员是“捉对厮杀”，各自的问题找相应的人提问。翻译是中国人，当提到“事业单位”这个词，大家相视而笑，而克努德的眼神是迷茫的。

四、退了又买的高铁票

在具体操作中，不管是大事还是小事都要面面俱到，大到整个项目，小到一张高铁票。

婺城项目负责人考虑到项目档案管理的规范性，计划让某一项目工作人员去杭州参加省工程档案整理培训。由于当时临时接到通知要迎接上级检查，又让其退了高铁票。第二天上午检查过后，转而去国土局办事。由于高铁站就在国土局附近，工作人员办完事后就立马重新买了票。令他始料不及的是，下午上了高铁后又突然接到通知要赶回单位，于是他在车子要开的前几秒下了车。后来去财务报销车票时，财务质疑：明明没去过杭州，为什么要报销车票？他跟财务好好解释了一番才说清楚事情的来龙去脉。

五、结购汇的纠结

2011年5月，在所有打包项目中婺城项目率先向世行申请报账。8月2日下午，申请的资金391万美元到达金华市农行的区财政专户。刚好区财政局经办人在外度假。因汇率不停变化，时间紧急，等财政局的人度假回来再去结汇不太现实，只能由某一项目负责人自己去跑。

对于此类业务，金华市农行头一回遇到，有些程序需向上级请求或请示。当项目负责人按银行的要求提交厚厚的项目相关材料时，银行方面很惊讶。考虑到过程中一系列的程序太烦琐，后来省财政厅为此专门下文规定，简化结汇手续，使可以直接银行结汇。有了第一次的结汇经验，接下来婺城项目所有的结汇和购汇还贷都由该负责人“承包”了。他说每次结汇、购汇都特别紧张，生怕汇率变动让单位利益受损。

第三节　攻坚克难

一、领导现场解难题

未经历坎坷泥泞的艰难，哪能知道阳关大道的可贵；未经历挫折磨难的考验，怎能体会到胜利和成功的喜悦。一个项目从启动到完工不可能是一帆风顺的，要经历一番苦难才能成功。正是这些曲折，才使这项工程变得更有温度，更能触动人心，仿佛金子在时间的淘洗下熠熠生辉。

龙游项目在实施的前期进度比较快，但后期有一个1.16公里长的道路和给排水管道工程的合同，因为移民拆迁安置问题未解决，影响项目开工。开工后，又遇到新的棘手问题。

2016年4月，龙游项目办领导班子进行了调整。新分管项目的副主任了解情况后，忧心忡忡地打电话请示省项目办：“能否在世行贷款关账后继续施工？”省项目办的人告诉他：“如果关账后合同未完成，不仅不能在世行贷款报账支付，而且会影响整个浙江省钱塘江项目的完成评级，使项目成为不满意项目。这是省政府和世行在《项目协定》上约定的原则问题，是大事，务必在关账前完成。”

项目时间紧，任务重，又要保质量。为解决项目扫尾工作遗留的难题，2016年5月5日省建设厅领导率领省项目办人员专程赴龙游调研督查。恰逢雨季，进行中的路基填土作业现场十分泥泞。路基填土需要压实，待干燥到一定程度后才能继续加层。一旦下雨，施工就只能停止，等待晴天晒干。碰到这种人为无法控制的事，大伙内心都非常焦虑，担心年底（世行贷款关账日）前项目不能顺利完成。

在县项目办会议室，厅领导对龙游县政府领导和项目办说：一、项目办要做一个全面深入的研究。按目前的施工方案，这个合同要按时完成难度很大，可能会成为世行项目的遗留问题，必须要克服。关于如何推进和解决，龙游项目办要勇于承担责任，这是关系到龙游县政府信用的大事，县政府和园区管委会要以高度的责任感，确保问题圆满解决。二、做事要讲科学。通过科学论证、深入研究，寻找合适的施工方案，并提出具体的调整施工技术方案。三、做事要讲程序。将程序做到位，就是要经得起国内和世行的各种检查。四、要排出调整的进度和责任表。排出每个环节、分项工程的具体时间表。同时还要细化技术方案，落实责任人。五、抓好统筹协调。县政府要统筹，县长要亲自抓统筹，各个部门要配合支持好。

县政府负责人针对以上问题立即召开协调会，研究落实了施工方案的调整和进度计划及责任制。省项目办按月对现场进行跟踪检查，在各部门的共同努力下，最终确保了该合同在世行贷款关账前顺利完成。

海涛奔涌，不遇着岛屿暗礁，难以激起美丽的浪花。经历过后，更能体会什么叫“以梦为马不言苦”。做完一个工程，树立一座丰碑，这些“小故事”是项目建设者的一份独特情感，将是让人难以忘怀的共同记忆。

二、镇级污水收费政策出台记

为促进污水处理设施建设和可持续运行，浙江省政府先后出台了一系列污水收费政策。污水处理是钱塘江项目的重要一环。在项目前期准备阶段，污水处理收费政策落地的计划目标就已制订，其中最难的是镇级污水处理收费政策的出台。

2009年，正值浙江省大力加快镇级污水处理工程建设时期。浙江省建设厅下达了《关于2009年度镇级污水处理设施建设计划的通知》（浙建城发〔2009〕64号），通知要求全面落实污水处理收费制度，确保污水处理设施正常、安全运行。定期组织省级有关部门对各镇级污水处理设施建设、生产运行、污水处理费征收使用等情况开展专项检查。

2009年10月19日，《浙江省城镇污水集中处理管理办法》经省人民政府第39次常务会议审议通过，予以公布，自2010年1月1日起施行。其中第二十四条规定：“单位和个人向城镇污水集中处理设施排放污水的，应当按照规定缴纳污水处理费；缴纳污水处理费后，不再缴纳排污费，但超过纳管标准向城镇污水集中处理设施排放污水的，应当按照国家和省规定加倍缴纳排污费。污水处理费收取、使用和管理的具体办法，由省财政、价格、住房和城乡建设行政主管部门制订，报省人民政府批准”。这个管理办法的出台，为镇级污水处理收费政策的出台提供强有力的支撑。

2009年钱塘江项目正处于前期准备阶段，项目涉及建德市、桐庐县、兰溪市、衢江区、磐安县5个地方的污水处理工程，其中兰溪市游埠镇、桐庐县江南镇的项目在镇级实施。2009年6月，世行任命白爱民为这个新项目的项目经理，他关注的项目重点包括世行参与项目的相关价值，主要指项目的附加值，如机构管理、污水、垃圾、文化遗产保护等方面的项目设计理念，公用事业改革和可持续发展的体现等。在第一个世行项目鉴别团（2009年6月22—30日）前，他提出项目准备要包括有关公用事业的费率（供水、污水、垃圾处理）修订计划，政府支持费率修订计划的文件，对消费者费率修订接受能力的评估，以及项目造成服务费用的增加（如水费、污水处理费用，垃圾收集费用），建议的费率提升方案对于当地居民生活成本的影响。特别是对弱势群体（如老年人和低收入家庭）的影响，应在经济分析中进行评估。如果弱势群体的收入无法负担这些影响，应提供适当减缓措施。费率调整计划要求在2009年10月31日完成编制。按照省政府关于最低污水处理费的指导意见，污水项目还应包括当时未征收地区和来自自备水用户的污水处理费的征收计划。

在第二个世行鉴别团（2009年9月7—15日）评估期间，世行提出，尽管目前省政府指导方针指出的污水收费水平为0.80元/立方米，但所有市/县的收费水平都很低（为0.30～0.50元/立方米），有的甚至不征收（如兰溪市的游埠镇和桐庐县的江南镇）。除收费标准外，费用的征收也是一个问题。例如，自备水用户普遍都没有交纳用水费，而这部分费用是征收污水费用的基础；垃圾处理费用也很少能够被有系统地征收（如金华的征收率低于50%)。世行建议所有项目市/县都要特别关注污水处理费用征收问题，对自备水用户同样征收污水处理费，并要求大多数项目县（市、区）制定或修改收费计划。

2010年3月29日世行完成项目预评估，世行机构财务专家强调：对于衢江、游埠、尖山、建德、桐庐的污水子项目，因衢江、游埠、尖山的项目单位缺乏管理经验，建议污水厂运行管理外包，合同可以采用绩效制方式；同时要重视污水处理子项目运行和维护的成本回收率，要编制收费价格调整计划。

2010年5月 31日至6月7日世行完成项目评估，将出台污水收费标准、引入用户付费政策的项目城市/镇的数量列入《项目协定》中关键绩效指标（KPI）中。桐庐县江南镇、兰溪市游埠镇的污水处理收费政策的出台成为项目实施的关键绩效指标。

自2011年5月6日世行贷款钱塘江项目正式生效起，在每年两次检查中，世行项目团队始终紧盯包括污水处理费政策出台在内的所有关键指标，并进行对照检查。

恰逢其时，2012年7月18日，浙江省财政厅、浙江省物价局、浙江省住房和城乡建设厅联合出台《关于印发浙江省城镇污水处理费征收使用管理暂行办法的通知》，明确指出本办法适用于本省行政区域内城镇污水处理费的征收、使用和管理。凡在本省行政区域内向城镇集中污水处理设施排放污水或废水的单位和个人，应按照本办法的规定缴纳污水处理费。缴纳污水处理费后，不再缴纳排污费。县级以上人民政府应当加强对污水处理费征收、使用和管理工作的领导，加快城镇污水集中处理设施建设，确保城镇污水集中处理设施的正常运行。市、县人民政府确定的城镇污水集中处理行政主管部门具体负责本行政区域内城镇污水处理费征收使用管理工作。

2014年9月世行检查期间，桐庐县江南镇项目办报告，根据2014年4月世行检查团备忘录，正在制定污水收费政策方案。第一方案，由县水务公司收购镇水厂，和县城的水价一致，即污水处理收费一体化。第二方案，镇水厂直接收取，价格方案已经上报县发改局。世行项目经理闫光明建议污水费政策要考虑成本回收率，不含折旧及污水厂外的成本计算。江南镇项目办计划2014年底前出台污水处理费收费政策。2014年12月3日，江南镇镇政府向桐庐县发改局提交污水处理费收费政策的报告，污水处理收费政策进入听证程序。居民收费从1.15元/立方米提高到1.30元/立方米，工业用水收费从1.50元/立方米提高到2.40元/立方米。

游埠镇政府于2014年3月收到兰溪市发展和改革局下达的《关于征收污水处理费的批复》（兰发改〔2014〕33号）文件，考虑其他几个乡镇同时征收，需要兰溪市政府协调财政局、建设局、发改局、环保局及钱江水务有限公司等部门统一收费方案。

2015年4月世行上半年检查，桐庐江南污水子项目未能出台污水处理费政策，兰溪市游埠镇污水费政策虽然已经出台，但尚未实施收费。随后，省项目办专程赴江南镇调研协调，指导江南镇项目办按要求做好污水处理收费政策的制定和审批工作。

在世行和省项目办紧盯污水收费政策出台的同时，又遇省政府强力支撑的东风。2015年8月10日浙江省财政厅、浙江省物价局、浙江省住房和城乡建设厅联合出台《关于印发浙江省城镇污水处理费征收使用管理办法的通知》（浙财综〔2015〕39号）。办法明确指出，凡设区的市、县（市）和建制镇已建成污水处理厂的或纳入城镇污水处理系统的，均应当征收污水处理费；在建污水处理厂、已批准污水处理厂建设项目可行性研究报告或项目建议书的，可以开征污水处理费，并应当在开征之日起3年内建成污水处理厂并投入运行。污水处理费的征收标准，按照“污染付费、公平负担、补偿成本、合理盈利”的原则，综合考虑本地区水污染防治形势和经济社会承受能力等因素来制定和调整，由县级以上地方价格、财政和排水主管部门提出意见，报同级人民政府批准后执行。收费标准暂时未达到覆盖污水处理设施正常运营和污泥处理处置成本与合理盈利水平的，县级以上地方价格、财政和排水主管部门应当按照上述规定逐步调整到位。

据此，省项目办将污水收费政策出台遇到的问题作为2015年的重点工作。厅分管领导高度重视，率队分别赴建德、桐庐县江南镇、衢州、金华指导和督促，加快推进问题的解决进程。从2015年7月份起，江南镇和游埠镇开始引入污水处理费。江南镇的污水处理费获得批准，针对企业的污水处理费的收费标准为1.15元/立方米。从2016年1月份起，针对居民的收费标准为0.85元/立方米。游埠镇政府发布关于收取污水费的政策，并与兰溪游埠供水公司签订合同，开始按

0.75～1.25元/立方米标准收费。

至此，作为项目关键绩效考核指标的江南镇、游埠镇污水处理收费政策终于在项目完工前顺利出台。其为项目的圆满完成扫清了障碍，也为项目的可持续运行创造了条件。这个看似并不复杂的收费政策的出台与实施的过程，其实也是省级政府的政策支持，加上世行和项目办的齐心协力的结果。这对浙江省乃至全国的镇级污水处理工程的可持续发展有很好的借鉴意义。

第四节 生动实践

钱塘江项目的11个子项目仿佛钱塘江上的11朵浪花，此起彼伏，飞舞跳跃，绘就钱塘江流域小城镇环境综合治理蓝图：河畅、水清、岸绿、景美。从中，人们获得有益的认识和体会。

一、诸暨

项目实施前，诸暨市区西部存在管网配套不完善，地形高差较大导致节点流量分配不均，部分区域供水水压不足的矛盾。青山水厂及配套管网工程可满足诸暨市区西南部分的正常用水需求，缓解草塔、大唐、陶朱街道下属三都片区一带的用水紧张，补充城西工业新城的用水。

项目完工后，青山水厂给水水压满足城区5层直供用水压力需求，出厂水质符合《生活饮用水卫生标准》，用户龙头水质符合建设部《城市供水水质标准》，确保了用户用水安全。水厂的各项安全指标获得了极大的提升：水源地严格执行相关防护措施，并通过给水管网与水厂连接，形成多水源给水格局，提高给水管网的给水安全性。水厂设置应急处理工艺，并储备一定量的应急投加药剂。在突发事件发生时，可通过投加药剂，进行应急处理，确保出厂水质符合国家卫生饮用水卫生标准。通过合理布置原水管线（设计双管，并设连接管）和设置检修阀，建立完善的管网水压检测系统，以便及时发现事故地段，在第一时间赶赴事故现场及时抢修，从而保障管网给水安全。对供水区域供配水管网设多点控制，对其水量、水压、水质进行微机控制和数字化管理，形成网络自控安全体系。除险加固工程落实后，青山水库由原来的Ⅲ类坝变成Ⅰ类安全坝。水厂采用重力流供水，符合国家节能要求，极大地降低了供水成本。随着产能和运作效率的提高，成本将进一步下降，届时经济效益会更显著。

金杯银杯不如百姓的口碑，有形之碑，固然可以广而告之，昭示天下；而真正弥足珍贵，能够流芳百世的，还是老百姓的口碑。人民的赞赏是最高的荣誉，尘埃落定时，真正能够被历史铭记的，是那些利国家、顺民心、济苍生的人和事。只有时时刻刻把人民的利益放在心里，一切以人民群众的意愿为上，才能真正做出利于百姓的政绩。

诸暨双金袜业股份有限公司董事长杨铁锋说："当初，厂里水源紧缺，都是从五泄江里挖井取水。还记得当初挖井非常困难，江里的水也不是很干净，很多时候出现浑浊现象，管子也经常堵塞。职工经常反映用水水压不足，宿舍里用水紧张。随着公司规模的扩大，用水问题越来越成为一个难题。自从青山水厂建成运行，厂里用的、喝的水都来自青山水厂的出厂水，水质清澈，水压稳定，自来水源源不断，为公司生产生活用水提供了安全可靠保障。"

牌头镇义井村村主任宣栋说："以前，村里井比较多，家家户户都在用井水，但是遇到干旱期经常出现断水现象。村里几个河塘污染也很严重，水质也不能达标。村民用水困难。自从青山水厂配套管网接入村里以后，老百姓用到了符合人体健康要求的自来水。"

牌头镇义井村妇女主任顾芝英说："以前洗衣服、洗菜都要去很远的河塘里洗，洗的人多了，整个河塘都被污染了。现在自来水接通了，自己家门口就可以洗衣服、洗菜，非常方便，而且也减少了污染。现在水压充足，三楼也可以供上水。"

草塔镇上余村村民赵明均说："在水厂建成以前，老百姓喝的水总要到很远的水塘去挑，而且污染比较严重，挑来的水表面经常会漂浮着一层油状物。自从水厂建成后，家里喝的、用的水都来自青山水厂，用水问题得到了彻底解决。"

二、金华

金华市婺城区汤溪水厂及供水管网工程是金华“五水共治”的重要组成部分。在汤溪水厂建成前，一到夏季，自来水水压不足，洗澡时滴滴答答，更别说有些还要吊井水；一到冬季，城镇自来水有股膻腥味。供水是百姓最基本的民生问题，解决好了，大家的幸福指数才能上去。汤溪水厂建成以后，百姓生活用水最明显的变化体现在水质上，原西畈水厂出水浊度为0.4，现汤溪水厂出水浊度为0.07。金西百姓从世行项目中享受到了效益，饮用水更干净了，生活用水更方便了，幸福感也更强了。

三、建德

建德市城东污水处理厂的建设是提升市域环境质量、推进国家级生态市和环保模范城市创建、纵深推进“五水共治”工作的重要环节。2015年底，建德市城东污水处理厂二期工程完工。2016年1月1日起，建德市城东污水处理厂由杭州建德污水处理有限公司负责运营管理。目前，污水处理能力4.9万立方米／天，采用改良型氧化沟处理工艺以及高效澄清池、转盘池紫外线消毒组合深度处理工艺，处理后水质达到《城镇污水处理厂污染物排放标准》一级A标准。项目考虑生态效益和社会效益，兼顾经济效益。

第七章

钱塘江流域小城镇环境综合治理项目成效

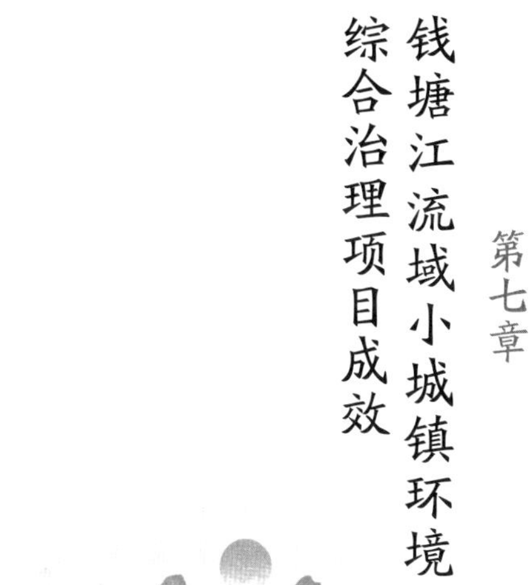

岁月长河奔腾不息，奋楫中流正当其时。华夏东南沿海，人杰地灵，江山多娇。10万多平方公里的浙江省域内，多少青山绿水经过千百年开发、维护而展现其自然风景之美。

钱塘江项目，在中央和地方各级政府、世行专家团队以及项目实施机构的共同努力下，圆满完成了项目任务，达到了预期目标，取得了令人满意的成果。项目提供的产品和服务能够部分解决所在区域经济社会发展中在污水和垃圾处理方面的实际问题和需求。

第一节　眼前一亮

众所周知，环境教育就是以人类与环境的关系为核心而进行的一种教育活动，以解决环境问题和实现可持续发展为目的，以提高人们的环境意识和有效参与能力、普及环境保护知识与技能、培养环境保护人才为任务，以教育为手段而展开的一种社会实践过程。

建德市城东污水处理厂作为建德市环境教育基地，致力于为广大人民群众提供一个理解环保、支持城市污水处理行业的良好平台，满足人民群众对城市污水处理的认知需求。本着“服务公众，有序开放”的原则，建德市城东污水处理厂向公众开放服务范围、污水特点、出水水质标准、污水处理工艺、各类处理设施的工作原理及作用、中控平台、在线监控设施、污泥处理原理及工艺、化验室及水质监测方法、臭气处理原理及工艺等内容，并根据不同来宾群体灵活设计不同的讲解内容和展示形式，充分发挥了环境教育基地的示范作用，为切实推进生态文明建设与美丽建德建设作出了积极贡献。

很多学校、单位组织前来建德市城市污水处理厂参观学习。2017年8月18日，新安二小五年级师生来厂参观；2017年8月20日，新安一小学师生来厂参观；2017年6月，杭州师范大学生命与环境科学学院环境工程系师生前来参观学习；2017年8月，浙江财经大学金融学院师生前来参观学习；2017年9月27日，吉林省长春水务有限公司前来参观学习。参观者纷纷表示：通过实地参观、现场了解，真的受益良多，今后要自觉提升环境环保意识，用各种方式积极参与爱护环境的行动。

第二节 “零垃圾”理念

过去的40多年，浙江创造了惊人的经济奇迹。随着工业化和城镇化的迅猛发展，人口密集度增加，城乡居民食物结构改变，人民大众的消费生活也发生了史无前例的变革：消费品种类繁多，不断推陈出新，产生的生活垃圾也越来越多。

被丢弃的垃圾被清扫、转移、运输，离开人们的生活空间和城市的公开场合，但并不会随着丢弃而消失。它们是发展的、消费的、洁净的、便利的现代城镇化生活的另一面。

根据世界银行的报告，2004年中国固体废弃物年产1.9亿吨，已经取代美国，成为全世界第一的垃圾生产大国。到2012年，据《中国城市建设统计年鉴》的统计，全国的生活垃圾总量已经增加到2.39亿吨。尽管垃圾生产量如此巨大，却并未引起人们太多的注意——或许更多的时候，人们甚至将此当作一个发展的指标。

不可轻视的是，垃圾已经构成环境治理和城市管理的一个严峻挑战。国外学者更是将生活垃圾带来的问题称为城市化过程中的“废弃物危机”。垃圾围城问题不解决，人民生活、工农业生产和社会稳定会受影响。对此不能回避，必须面对。

垃圾问题的解决之道在哪里？浙江的做法是：引入“零垃圾”概念（zero-waste），即尽可能把废弃物减至零，尽可能减少对地球资源的无度开发和消耗，并采用“3R”措施——减量（reduce），再用（reuse），循环（recycle）。具体的实践包括垃圾分类、减少包装、回收废旧电器，以及对垃圾尽可能的资源化等。“零垃圾”听起来似乎过于理想。各种具体做法的环境成本收益，以及市场成本收益，尚需要精细的计算和考量；不同国家、地域、阶层的社会群体乃至物种的利益，也需要加以保障与平衡。

“零垃圾”作为一种“终极目标”和纲领，描绘了一个更加环境友善、可持续的未来蓝图。目标的实现，甚至接近都并非易事。一方面，这个全球性的概念还需要“本地化”，应根据我国当地的经济、政治、社会、文化情况做出调适。另一方面，蓝图的实现，还需要政策的制定、技术的支撑、市场的改革和配合、文化意识的转变，以及企业、消费者个人的共同努力。

第三节　附加值

一、展示小城镇环境综合治理的综合水平

通过对钱塘江流域小城镇环境综合治理项目的支持，世行可将全球小城镇环境基础设施建设的经验带给浙江。同时，浙江与世行通过合作，进一步探索小城镇及农村的环境综合治理设施建设和管理的新途径和新方法。

二、给相对欠发达的小城镇带来额外的国际资源

世行的援助给相对欠发达的小城镇带来额外的国际资源。尤其是传授经济、有效、合理处置农村污水与垃圾的技术，以及先进的管理理念，对提高项目的设计与管理水平具有极大的帮助。

三、加强和提升小城镇的组织机构和管理能力

通过技术援助，开展针对小城镇管理者的培训和研讨会，提出加强和提升小城镇管理水平的方案。

四、“以结果为导向”的管理理念助推目标顺利实现

世行项目具有清晰可考核的绩效指标，重视成果的实现，注重对执行绩效的监测和考评。这对提高项目执行质量、发挥贷款资金绩效起了积极的作用。

五、论证严谨全面，注重多方参与

世行项目前期论证严谨全面，特别是世行保障政策，要求对社会、移民、环境等进行影响评价，提出切实可行的保障措施，有效降低了项目实施的负面影响。

六、注重专家参与和项目单位能力建设

在项目准备和执行中，世行、项目单位聘用大量专家参与立项论证、监督检查、人员培养、机构能力建设和绩效评价，提升了项目单位的管理能力，为贷款项目的长期可持续发展奠定了基础。

附录

附录一　项目完工报告

此处项目完工报告为英文原件主体的翻译稿，报告完成时间为2017年6月6日。

世界银行文件

No：ICR00003951

项目完工报告（IBRD-80010）

中华人民共和国
钱塘江流域小城镇环境综合治理项目
1 亿美元贷款

2017 年 6 月 6 日

东亚和太平洋地区
中国和蒙古局
社会、城市、农村和灾害风险管理全球发展实践处

货币汇率

货币单位=人民币（RMB）

1美元=6.8人民币（评估，2010年12月12日）

1美元=6.9人民币（关账，2016年12月31日）

财务年度

1月1日—12月31日

缩写

COD	化学需氧量
CPS	国别合作战略
CSI	核心部门指标
DO	发展目标
DRA	设计审查顾问
DRC	发展和改革委员会
EA	环境评价
EAP	东亚和太平洋
EIRR	经济内部收益率
EMP	环境管理计划
FIRR	财务内部收益率
FM	财务管理
FYP	五年规划
GDP	国内生产总值
IRBM	流域综合治理
ICR	实施完工报告
IP	实施进度
IOI	中间结果指标
IST	机构加强和培训
KPI	关键绩效指标
M&E	监测和评估
MTR	中期审查

续表

NDRC	国家发改委
NGO	非政府组织
O&M	运营和维护
PAP	受项目影响人群
PCR	物质文化资源
PDO	项目发展目标
PIU	项目实施机构
PMO	项目管理办公室
PPMO	省级项目管理办公室
PPP	政府和社会资本合作
RAP	移民行动计划
RF	结果框架
TA	技术援助
TN	总氮
TP	总磷
WA	提款申请
WTP	水处理厂
WWTP	污水处理厂
ZPG	浙江省政府

东亚和太平洋地区副行长：Victoria Kawaka

中国局局长：Bert Hofman

全球发展实践部主任：Ede Jorge Ijjasz-Vasquez

实践处经理：Abhas K. Jha

项目经理：闫光明

完工报告编制组长：闫光明

完工报告主要作者：贾铮

中国

钱塘江流域小城镇环境综合治理项目

目　录

数据图表

A. 基本情况

国家	中国	项目名称	钱塘江项目
项目编号	P116656	L/C/TF 编号	IBRD-80010
完工报告日期	2017 年 6 月 5 日	完工报告类型	核心完工报告
贷款方式	SIL	贷款方	
原有承诺总数	1.00 亿美元	支付总数	8569 万美元
调整后总额	1.00 亿美元		
环境分类：A			
实施单位：浙江省城建环保项目办公室			
联合筹资和其他参与者：无			

B. 重要日程

进程	日期	进程	计划	调整 / 实际日期
概念审查	2009 年 10 月 15 日	生效		2011 年 5 月 6 日
评估	2010 年 6 月 1 日	调整		2015 年 3 月 10 日
批准	2011 年 1 月 20 日	中期审查	2014 年 4 月 7 日	2014 年 4 月 14 日
		关账	2016 年 12 月 31 日	2016 年 12 月 31 日

C. 评级汇总

C.1 完工报告确定的绩效评级	
结果	高度满意
发展结果的风险	中等
银行方绩效	高度满意
借款方绩效	满意

C.2 完工报告对银行和借款方详细的绩效评级			
银行	等级	借款方	等级
启动质量	高度满意	政府	高度满意
监督质量	高度满意	实施单位	满意
银行总体绩效	高度满意	借款方总体绩效	满意

续表

C.3 启动和实施绩效指标的质量			
实施绩效	指标	评估	评定
潜在问题项目	无	启动质量	无
问题项目	无	监督质量	无
关账和完工前的运行评级	满意		

D. 项目内容和主题代码

项目内容	主题代码	
	计划	实际
主要部门		
公共管理		
公共管理－供水、公共卫生和防洪	1	1
水、卫生和废弃物管理		
污水收集和运输	55	55
供水	18	18
废弃物管理	9	9
卫生	17	17
主题		
环境和自然资源管理		
环境卫生与污染管理	13	13
空气质量管理	13	13
土壤污染	13	13
水污染	13	13
环境政策与机构	7	7
城市和农村发展		
城市发展	53	53
城市基础设施和服务提供	53	53

E. 世行职员

职位	完工报告时	批准时
地区副行长	Victoria Kwakwa	James W. Adams
国别局长	Bert Hofman	Klaus Rohland
实践处经理	Abhas K. Jha	Ede Jorge Ijjasz-Vasquez
项目经理	闫光明	Axel E. N. Baeumler
完工报告编制组长	闫光明	
完工报告主要编者	贾铮	

F. 结果框架分析

项目发展目标（源自项目评估文件）：协助浙江省在一批位于钱塘江流域的市、区、镇改善可持续的城市环境基础设施。

调整的项目发展目标（经审批部门批准）：无。

（1）项目发展目标指标

指标	基线值	原设定值（来自项目评估文件）	最终修订的目标值	完工时或目标年的实际值
指标 1.1	供水：项目地区接受饮用自来水供给服务的人数（数量，核心）			
数值	60000	360000	360418	397000
实现日期	2009-12-31	2016-12-31	2016-12-31	2016-12-31
内容（包括：完成百分比）	实际值超过目标值大约 10%。诸暨和婺城的供水子项一共改善了 397000 人的供水，超出原设定目标值大约 10%			
指标 1.2	供水：本项目支持的供水设施的数量（数量，核心）			
数值	0		2	2
实现日期	2009-12-31		2016-12-31	2016-12-31
内容（包括：完成百分比）	这是为使公司达到满意而设定的关键指标。本项目支持诸暨和婺城的供水设施建设			
指标 2.1	污水：化学需氧量减少量（吨 / 年，核心）			
数值	0	3745	3907	3974
实现日期	2009-12-31	2016-12-31	2016-12-31	2016-12-31
内容（包括：完成百分比）	建德、衢江、游埠、尖山的 4 个污水处理厂的建设和运行数值超过原设定目标值			

续表

指标	基线值	原设定值（来自项目评估文件）	最终修订的目标值	完工时或目标年的实际值
指标 2.2	污水：总氮减少量（吨 / 年，核心）			
数值	0	239	141	182
实现日期	2009-12-31	2016-12-31	2016-12-31	2016-12-31
内容（包括：完成百分比）	超过最终修订的目标值 29%。期中审查对污水子项目的评估显示，污水进水中氮的浓度低于预期值，故目标值从 239 减少到 141			
指标 2.3	污水：总磷减少量（吨 / 年，核心）			
数值	0	45	30	42
实现日期	2009-12-31	2016-12-31	2016-12-31	2016-12-31
内容（包括：完成百分比）	超过最终修订的目标值 40%。期中审查对污水子项目的评估显示，污水进水中磷的浓度低于预期值，故目标值从 45 减少到 30			
指标 3.1	固废：接受垃圾卫生收集处置服务的人数（数量，用户）			
数值	0	175000	202500	219800
实现日期	2009-12-31	2016-12-31	2016-12-31	2016-12-31
内容（包括：完成百分比）	超过目标值 8.5%。本项目下共有 219800 人从垃圾卫生收集处置服务中受益。在项目调整中最终目标值做了提高			
指标 3.2	固废：本项目下建立的工业和城镇废弃物处理能力（吨，核心）			
数值	0		210000	280000
实现日期	2009-12-31		2016-12-31	2016-12-31
内容（包括：完成百分比）	这是为使公司达到满意而设定的关键指标。建德梅城垃圾填埋场建设和运行数据超过目标值			
指标 4	机构：同意实施运维计划的数量（累计）（数量，用户）			
数值	0	6		6
实现日期	2009-12-31	2016-12-31		2016-12-31
内容（包括：完成百分比）	通过婺城水厂、建德污水处理厂、衢江污水处理厂、游埠污水处理厂、尖山污水处理厂以及梅城垃圾填埋场的运维计划的实施，达到目标值			
指标 5	财务：引入收费的项目地区数量（累计）（数量，用户）			
数值	7	11	10	10
实现日期	2009-12-31	2016-12-31	2016-12-31	2016-12-31
内容（包括：完成百分比）	目标值实现。所有项目市、县、地区都引入了收费机制。在项目调整时，目标值从 11 个减少到 10 个，其原因是取消了磐安云山子项目			

（2）中间结果指标

指标	基线值	原设定值（源自项目评估文件）	最终修订的目标值	完工时或目标年的实际值
指标 1.1	供水：诸暨家庭接入饮用水的百分比（百分比，用户）			
数值	30	95		95
实现日期	2009-12-31	2016-12-31		2016-12-31
内容（包括：完成百分比）	目标值实现			
指标 1.2	供水：婺城家庭接入饮用水的百分比（百分比，用户）			
数值	0	95		100
实现日期	2009-12-31	2016-12-31		2016-12-31
内容（包括：完成百分比）	超过目标值。本项目下婺城区所有家庭都接入饮用水			
指标 1.3	供水：诸暨水费实现总成本回收的百分比（百分比，用户）			
数值	80	100		108
实现日期	2009-12-31	2016-12-31		2016-12-31
内容（包括：完成百分比）	超过目标值 8%。诸暨水厂水费完全覆盖运维费用			
指标 1.4	供水：婺城水费实现总成本回收的百分比（百分比，用户）			
数值	0	100		101
实现日期	2009-12-31	2016-12-31		2016-12-31
内容（包括：完成百分比）	超过目标值 1%。婺城水厂水费完全覆盖运维费用			
指标 2.1	污水：建德污水收集和处理率（百分比，用户）			
数值	0	85		97
实现日期	2009-12-31	2016-12-31		2016-12-31
内容（包括：完成百分比）	超过目标值 14%			
指标 2.2	污水：衢江污水收集和处理率（百分比，用户）			
数值	0	80		93
实现日期	2009-12-31	2016-12-31		2016-12-31
内容（包括：完成百分比）	超过目标值 16%			

续表

指标	基线值	原设定值（源自项目评估文件）	最终修订的目标值	完工时或目标年的实际值
指标 2.3	污水：兰溪游埠污水收集和处理率（百分比，用户）			
数值	0	70		78
实现日期	2009-12-31	2016-12-31		2016-12-31
内容（包括：完成百分比）	超过目标值 11%			
指标 2.4	污水：磐安尖山污水收集和处理率（百分比，用户）			
数值	0	65		77
实现日期	2009-12-31	2016-12-31		2016-12-31
内容（包括：完成百分比）	超过目标值 18%			
指标 2.5	污水：磐安深泽污水收集和处理率（百分比，用户）			
数值	0	30		60
实现日期	2009-12-31	2016-12-31		2016-12-31
内容（包括：完成百分比）	超过目标值 100%			
指标 2.6	污水：磐安云山污水收集和处理率（百分比，用户）			
数值	0	75	NA	NA
实现日期	2009-12-31	2016-12-31	2016-12-31	2016-12-31
内容（包括：完成百分比）	磐安云山污水子项目在 2015 年 3 月中期调整时退出世行项目，其绩效指标也相应取消			
指标 2.7	污水：桐庐江南污水收集和处理率（百分比，用户）			
数值	0	75		85
实现日期	2009-12-31	2016-12-31		2016-12-31
内容（包括：完成百分比）	超过目标值 11%			
指标 2.8	污水：龙游污水收集和处理率（百分比，用户）			
数值	0	85		91
实现日期	2009-12-31	2016-12-31		2016-12-31
内容（包括：完成百分比）	超过目标值 7%			

续表

指标	基线值	原设定值（源自项目评估文件）	最终修订的目标值	完工时或目标年的实际值
指标 3.1	建德污水费实现运维成本回收的百分比（百分比，用户）			
数值	0	100		139
实现日期	2009-12-31	2016-12-31		2016-12-31
内容（包括：完成百分比）	超过目标值 39%			
指标 3.2	衢江污水费实现运维成本回收的百分比（百分比，用户）			
数值	0	90		100
实现日期	2009-12-31	2016-12-31		2016-12-31
内容（包括：完成百分比）	超过目标值 11%			
指标 3.3	兰溪游埠污水费实现运维成本回收的百分比（百分比，用户）			
数值	0	70		61
实现日期	2009-12-31	2016-12-31		2016-12-31
内容（包括：完成百分比）	目标值部分实现。游埠镇于 2016 年开始收取工业污水费，将会于 2018 年开始收取居民污水费。财务预测分析显示 70% 的目标值将会在 2018 年达到（详见附件 3）			
指标 3.4	磐安尖山污水费覆盖运维费用的百分比（百分比，用户）			
数值	0	70		101
实现日期	2009-12-31	2016-12-31		2016-12-31
内容（包括：完成百分比）	超过目标值 44%			
指标 4.1	建德开放式填埋场累计关闭数量（数量，用户）			
数值	0	3		3
实现日期	2009-12-31	2016-12-31		2016-12-31
内容（包括：完成百分比）	关闭了位于梅城镇、杨村桥镇、下崖镇的 3 个开放式填埋场，达到目标值			
指标 4.2	建德垃圾填埋场的垃圾收集和处理率（百分比，用户）			
数值	0	90		95
实现日期	2009-12-31	2016-12-31		2016-12-31

续表

指标	基线值	原设定值（源自项目评估文件）	最终修订的目标值	完工时或目标年的实际值
内容（包括：完成百分比）	超过目标值 6%			
指标 4.3	建德市用户收费实现运维成本回收的比率（百分比，用户）			
数值	0	20		31
实现日期	2009-12-31	2016-12-31		2016-12-31
内容（包括：完成百分比）	超过目标值 55%			

G. 实施报告中的项目评级

序号	实施报告归档时间	发展目标	实施进度	实际支付（百万美元）
1	2011-09-22	满意	满意	10.00
2	2011-10-06	满意	满意	18.47
3	2013-03-11	满意	满意	29.75
4	2013-09-15	满意	满意	47.07
5	2014-02-04	满意	满意	47.07
6	2014-07-28	满意	满意	47.07
7	2015-01-17	满意	满意	52.07
8	2015-06-06	满意	满意	55.61
9	2015-11-18	满意	满意	62.11
10	2016-04-17	满意	满意	73.83
11	2016-11-05	满意	满意	81.57

H. 调整（如果有）

调整日期	董事会批准项目发展目标修改	调整时实施报告中的评级		调整时已支付的贷款总数（百万美元）	调整的主要原因和关键变化
		发展目标	实施进度		
2015-03-10	无	满意	满意	52.07	调整的目的：修正结果框架；修改融资计划；重新分配贷款资金；调整支付预测；改变一些子项目的范围；更新总成本

I. 支付图

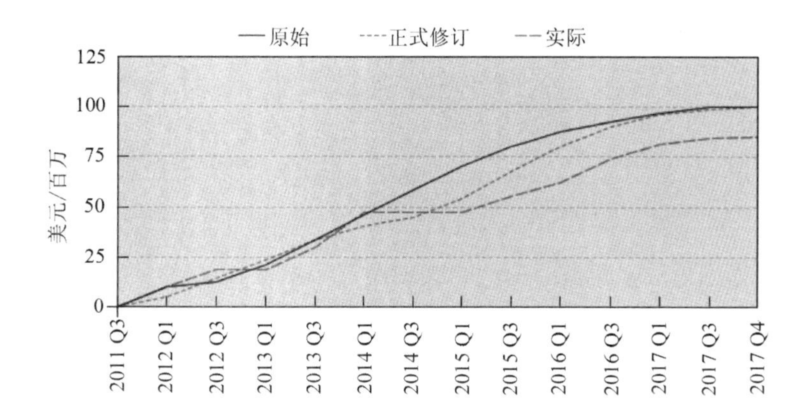

1 项目背景、目标和设计

1.1 项目背景

1 浙江省位于长江三角洲南翼，为中国最大的城市聚集区之一，过去10年经济迅猛发展。2009年，浙江省仅以国土总面积的1%和全国总人口的3%，实现了地区生产总值（GDP）22800亿元，占中国国内生产总值的6.8%。人均GDP为6490美元，位列北京、上海、天津之后，列全国第四位。浙江也是中国城市化程度最高的地区之一，有58%的人口居住在城镇，而全国平均城市化水平为46.6%。预计在2020年，浙江省城市化水平将达到72%，这意味着将增加500万～600万的城市人口。在充分认识到经济聚集所带来的效益和较大城市作用的同时，浙江省“十一五”（2006—2010）规划也提出，要进一步推进小城镇的发展，发挥其连接城市和农村地区的作用。

2 钱塘江被称为浙江人民的“母亲河”，是浙江省内第一大江，也是全省8个主要水系之一。浙江省内钱塘江流域总面积49113平方公里，流经包括杭州、衢州、金华、绍兴和丽水在内的5个地区，总计27个县、市、区和188个镇。2010年，钱塘江流域总人口为1500万，占全省总人口的32%，占全省国内生产总值的35.3%。浙江快速的经济发展和城市化已给钱塘江水质造成了很大压力。2008年，浙江环境状况报告发现，尽管钱塘江73%的水质能满足一至三类标准[1]，但只有62%的监测水质满足其规定的水质标准。工业、居民、非点源污染分别占污染总量的45%、36%和19%。考虑到钱塘江为80%的杭州市民和流域内绝大多数市、县提供饮用水源，环境污染已对大量农村和城市人口的生活和饮用水安全产生严重威胁。

3　截至2010年，浙江省的大城市，如杭州、宁波、绍兴，在解决城市环境挑战方面取得了长足发展，实现了引人瞩目的市政环境基础设施覆盖率的提高。小城镇在这方面远远落后。例如，只有29%的浙江小城镇能实现安全饮用水的提供；与城市包括县城在内的73%的污水处理覆盖率相比，小城镇仅为26%；固体废弃物的卫生处置设施几乎不存在。造成较低服务覆盖率的原因之一是小城镇的财务能力薄弱，直接导致公共基础设施投资率较低。例如，本项目下的小城镇的人均财政收入仅为省会城市杭州的5%～40%。

4　世行支持的依据——本项目支持2006—2010国别伙伴战略（国别伙伴战略，报告编号46896-CN）提出的5个主题中的3个：①减少贫困、不公和社会排斥；②管理资源缺乏和环境挑战；③改善公共与市场机制。通过对小城镇的基础设施进行重点投资，该项目也将帮助实现中国第十一个五年规划（2006—2010）中设定的目标，把促进小城镇和二线城市的发展作为优化的城市化战略的核心，推进城市农村一体化，建设一个环境更加友好的社会。

5　本项目也是世行在中国的一系列贷款项目的一部分，专注于小城镇、城乡一体化、新农村发展[2]。在项目评估之前，世行已经贷款给浙江省实施了3个城市建设项目[3]，其核心是提高大城市的城市环境。在大城市中，环境基础设施得到了提升，机构运行变得更加有效。然而在小城镇，其环境基础设施远远落后。

6　浙江省政府充分地认识到这些挑战，制定了钱塘江流域“十一五”规划、生态省建设规划、最新的“811”环保行动计划等，旨在提高城市环境基础设施服

[1]　《地表水环境质量标准》（GB 3838—2002）将地表水质量划分为5类。Ⅰ类水适用于源头水与国家自然保护区。Ⅴ类水适用于农业用水区和一般景观要求水域。

[2]　四川省小城镇发展项目（Ln-8042），重庆市城乡一体化项目（Ln-7920），宁波市新农村发展项目（Ln-7849）。

[3]　浙江省城建环保项目（Ln-4724），宁波市水环境项目（Ln-4770），浙江省多城市开发项目。

务。浙江省的战略是通过向县和乡镇提供财政及技术支持，进行城市环境基础设施投资，优先保护钱塘江流域环境。

1.2 最初的项目发展目标和关键指标

7 项目发展目标是协助浙江省在一批位于钱塘江流域的市、区、县进行可持续的城市环境基础设施改善。

8 关键绩效指标：①接受饮用自来水供水服务的人数；②化学需氧量、总磷和总氮的减少量（吨/年）；③接受垃圾卫生收集处置服务的人数；④同意实施运维计划的数量；⑤引入污水处理收费的项目区域或城市数量。

1.3 修订的项目发展目标和关键指标及其原因

9 在2015年3月批准的中期调整中，一些关键指标被核心指标所替代，同时剔除了部分多余的指标，增加了使企业达到满意的两个新的核心指标，修订了一些目标值以反映实际的实施进度和一些子项目范围的修改。但是，关键绩效指标没有重大的变化。

1.4 主要受益人

10 最初的主要目标[1]：①为城市居民提供改善水资源的途径；②向居民提供污水收集和处理服务；③向居民提供固废卫生收集和处理服务。自来水供应和固废管理投资最初设计的目的是分别使浙江省4个市8个县（区）和24个村、镇、社区的360000人和175000人受益。作为项目中期调整的一部分，受益人的目标值增加到360418人（供水）和202500人（固废处理）。项目完工时，实际绩效都超过了这两个原设定的目标值，接受自来水供应和固废处理的受益人分别提高到了397000人和219800人。污水子项目的受益人未包含在最终的结果框架中，但在项目实施进度报告中有持续的监测。项目完工时，总计388000人从污水收集和处理

[1] 居民位于以下位置：杭州市下属建德市；衢州市衢江区；金华市下属兰溪市游埠镇；金华市磐安县尖山镇；金华市磐安县深泽地区；金华市磐安县云山区；杭州市桐庐县江南镇；衢州市龙游县/市城北新区。

服务中受益。

11　第二个目标群体是政府部门、事业单位、公司和参与项目的其他职员。项目通过机构加强和培训（包括在职培训）使省项目办、地方项目管理办公室、项目实施单位、参加项目的机构和公司的工作人员受益。对项目管理、财务改革、机构可持续性、培训和考察的重视，让参加的机构和个人大为受益。

1.5　最初的项目组成（批准的）

12　子项目1：供水和配水（总投资3564万美元，其中世界银行贷款1899万美元）。建设和（或）安装自来水厂和清水输配管网，改善绍兴市下属诸暨市和金华市下属婺城区郊区和邻近镇的自来水供给。

13　子项目2：污水收集处理（总投资1.5803亿美元，其中世界银行贷款6805万美元）。建设和（或）安装污水收集管网和处理设施、雨水管网、关联道路，以及进行河岸整治工作。

14　子项目3：垃圾处置（总投资2032万美元，其中世界银行贷款1096万美元）。建设服务建德市5个镇和1个区的梅城镇青山客家坞垃圾填埋场，以改善建德市的垃圾处置；建设1个三级渗滤液处理厂；关闭3个现有的开放式垃圾场；提供垃圾收集车辆与设备。

15　子项目4：机构加强与培训（IST）（总投资金额200万美元，100%世界银行贷款）。由以下部分组成：①为项目管理和实施提供技术援助，包括为省项目办、地方项目办、项目实施单位提供咨询，进行质量控制，协助项目的基础设施投资和机构、财务的可持续性；②为编制发展小城镇可持续的环境基础设施服务战略总体规划提供技术援助；③开展培训和学习考察，增强省项目办、地方项目办、项目实施单位在小城镇可持续的环境基础设施服务建设中技术、运营、机构等方面的能力。

1.6　修改的子项目

16　修改的子项目包括以下内容。

● 子项目一：供水子项目1–1诸暨市青山水厂及配套管网工程，将输配水管网增加到48.6公里。

● 子项目二：污水子项目2–2衢州市城东污水处理厂及配套管网工程和衢江区霞飞路以西建成区块污（雨）水管网改造工程，增加如下内容。新建2.3公里道路（江滨东路和芳桂北路）和相应管网（4.4公里雨水管网，2.3公里供水管网，连接到污水处理厂的2.9公里污水管网）。

● 子项目二：污水子项目2–5磐安县深泽环境综合治理项目，4.3公里磐缙公路和相应雨污水管网退出世行贷款。

● 子项目二：污水子项目2–6磐安安文镇云山片区污水管网工程退出世行贷款。

1.7 其他有关的调整

17 其他有意义的调整如下：

● 为了反映项目实际实施和一些子项目范围的调整，部分中期结果指标（IOIs）做了微调。

● 重新分配了各类别之间的贷款金额，调整了货物和设备合同的贷款支付比例，建德市由70%增加到100%，兰溪市游埠镇和桐庐县江南镇由64%增加到100%，全部使用世行贷款。

● 由于竞争性招标和汇率波动，在项目关账时共有总计1430万美元的贷款结余（到2017年4月30日，项目宽限期止）。

2 影响项目实施与成果的关键因素

2.1 项目准备、设计和质量

（1）背景分析的合理性

18 项目背景分析比较合理到位。分析结果识别出浙江省小城镇面临的3个环境基础设施的挑战：①钱塘江流域的环境污染；②小城镇缺乏环境基础设施服务；③小城镇建设和运行环境基础设施的机构和财务能力有限。

19 本项目从中国同类项目[1]以及世行有关城市环境、水、卫生方面的研究和报告[2]中吸取了经验教训，主要包括：①巩固小城镇纵向和横向服务以实现机构的可持续性；②采取平衡的资本收支战略，但不要对增加用户付费或者运维费用全部由用户付费过于乐观；③债务由乡镇政府承担，而不是实施机构；④引入专业的设计审查咨询服务以提高设计质量；⑤使用需求预测，进行成本效益分析和参照适当的设计标准以避免过度设计。

（2）项目设计的评估

20 本项目设计成本效益好、综合性强且技术合理。子项目一：自来水供水和配水项目选择了最具成本效益的设计，包括水源地保护计划和水质监测计划。子项目二：污水收集和处理项目考虑到有限的建设用地，为污水处理厂建设选择了最具成本效益的处理工艺，并投资污水管网建设以确保管网连接。子项目三：固废处理项目采用“从摇篮到坟墓”全周期的方式投资垃圾填埋场、垃圾收集和运输系统，并关闭露天垃圾场。子项目四：机构加强与培训为项目管理、总体战略规划制定、部门研究、培训计划等提供平衡组合的技术援助。

21 在技术设计方面，以桐庐县江南镇为例，比较了两种污水基础设施设计方案：①在江南镇建设一座新的小型污水处理厂；②投资新建污水管网并连接到临近县城现有的污水处理厂。最终选择了后一种方案，因其更具成本效益和可持续性。在财务和机构管理方面，制定了两个实施制度以提高财务和机构的可持续性，即编制运维行动计划和财务报告及预测。强烈建议项目镇签订3～5年的长期运行和维护合同以改善资产管理。

22 财务和经济分析特别注重机构设置、收费和成本回收、财务报告和预测以及费用承担能力。根据分析，本项目根据其机构水平和财政能力，为供水、污水和垃圾管理部门建立了不同的机构模式。针对污水和垃圾子项目，本项目还支持逐步实现由收费全面覆盖运维成本的可行财务模型，而不是过于乐观的即时成本

[1] 浙江省城建环保项目（Ln-4724），山东省城市环境二期项目（Ln-4852）。

[2] 中国城市发展计划：世界银行投资组合评估（2007）；加快：提高中国城市供水设施的绩效（2007）；城市供水和卫生：挑战、解决方案和指导方针（2008）；供水和卫生投资融资（2005）；表现良好的公共供水设施的特征（2006年）；水和卫生供应汇总模式（2005年）。

回收[1]。

23 本项目考虑了两种主要的备选方案。①根据其他世行资助的小城镇项目的经验，探索一种灵活的纲领性设计方案。但国家发展和改革委员会和浙江省政府要求世界银行鉴别和评估所有的子项目。②由于工业、生活、非点源的污染负荷分别为45%、36%和19%，应探索流域综合治理的方法。然而，由于无法顺利解决可预见的项目管理和协调方面的挑战，浙江省政府决定不使用这个方法。

（3）政府信用的评价

24 浙江省政府的信用非常高，主要表现在：①推出了一系列小城镇建设和环境修复的总体规划，引导本项目实施；②在项目准备期间，省、市级层面进行有效的协调；③提供了充足的配套资金。在地方层面，项目镇高度重视本项目，积极地提交/修改子项目建议书，为项目准备动员当地的各项资源。

（4）风险和缓解措施

25 本项目的总体风险评级为“适中”，这是合适的。本项目确定了两个重大风险。首先，一些子项目可能会退出世行贷款，这可能导致重大的项目变化或大量的贷款结余。缓解措施：①限制子项目的数量，确定子项目共11个；②若贷款结余确实较多，则考虑在期中审查时增加项目活动。其次，小城镇的能力薄弱，可能会影响到项目的成功实施。缓解措施：①为小城镇的项目实施提供强有力的支持；②优化实施安排，使有经验的经营方参与进来。其他的4个风险被评估为适中，并采用常规方法来缓解。本项目的风险识别和缓解措施是适当的。

（5）启动时的质量

26 评级：满意。项目准备充分，形成的项目逻辑合理。项目未经世行质量保证组的前期质量审查。

[1] 项目实施之前，浙江省小城镇由于技术和财力薄弱，未实行环境基础设施的使用收费。通过项目干预，在项目城镇建设了有针对性的环境基础设施。推出了一系列收费政策和征收机制，包括切合实际的运维成本回收预测和更高水平的政府补贴（如财力较强的各市/县级政府，并建立预算制度），以确保建成资产的可持续性。

2.2 实施

27 项目实施顺利，在原设定的截止日期2016年12月31日之前顺利完成。整个项目实施期间，项目发展目标和实施进度的评级一直保持完全满意。

28 实施安排和项目管理是恰当且有效的。浙江省项目办已经实施了浙江省城建环保项目，具有丰富的经验，有专职的领导和管理人员。省项目办在项目管理和协调上起了主导作用。鉴于各项目县/市第一次和世行合作，项目特意聘请咨询公司在项目管理、合同管理、详细的设计审查、投标文件审查、项目监测等方面支持地方项目办和实施单位。这样的支持是有益的。

（1）中期审查

29 2014年4月14—18日，世行对项目进行了中期审查，发现该项目正朝着实现项目发展目标顺利前进，其实施进度也是令人满意的：约有64%的项目活动已圆满完成，并使目标人群受益；贷款支出占52%。

30 到中期审查为止，诸暨市和金华市婺城区的供水子项目已经建成并开始运行；4个污水处理厂中的3个已经建设完成，至少开始试运行。梅城垃圾填埋场和渗滤液处理厂已经建成并开始运行。除尖山以外，所有项目县/市都引入收费制度以促进项目可持续性。项目管理援助、培训和考察学习均进展顺利，小城镇的技术研究也已完成。

（2）项目调整

31 2015年3月10日，完成项目调整，一致同意对项目范围进行修订（详见1.6节）。利用结余世行贷款，子项目1扩大项目下已经建成的诸暨市青山自来水厂的管网系统并加强供水服务，扩建改善诸暨水厂的供水管网，使其覆盖面积更大并增加了418个项目受益者。子项目2-2：新增基础设施，扩大了衢江污水处理厂、雨水和污水管网子项目的服务范围，新增服务面积为1.2平方公里，新增服务居民2000多个。子项目2-5：4.3公里的磐缙公路扩建及雨水、污水管道工程因相连的省级公路建设延迟而取消，转而由省交通局出资建设。子项目2-6：磐安县云山片区污水管网采用国内资金建设，退出世行贷款项目。该项目已经顺利完成。

32 对一些核心绩效指标和中间成果指标进行了微调，以反映项目调整。结余的世行贷款在不同类别的项目之间做了重新分配，提高了3个镇的货物、工程合同的支付比例，以更好地利用世行贷款。

2.3 设计、实施和使用的监测和评价

（1）设计的监测和评价

33 在项目评估阶段设计了一个符合逻辑的综合结果框架与符合实际的绩效目标，用以监测项目进展中实现项目发展目标的程度。结果框架的设计以及数据来源、绩效指标的确定，均经过省项目办和当地项目办同意。2009年，作为项目准备的一部分，省项目办协调当地项目办进行了基线调查，基线调查结果经世行团队核实。

34 关键绩效指标覆盖了供水、污水（细分为3个重点污染指标）、垃圾，以及机构和财务可持续性提升的投资结果，与项目发展目标的“可持续”要求相关联[1]。

35 项目设计了7个中间结果指标，用于监测项目结果产出和项目发展目标的实现情况，包括供水、污水和垃圾子项目，以及机构和财务的可持续性。没有进行其他有关监测和评价方面的调查或研究，如受益者对基础设施的满意度。

（2）实施的监测和评价

36 监测结果数据由实施机构负责收集。省项目办在项目管理机构的支持下，在半年度进度报告和借款人完工报告中综述了本项目所有的数据和报告。在项目实施过程中还持续不断地提供项目结果框架的数据。

37 项目结果框架在中期调整时有小范围的修订，包括：①由于云山污水子项目退出世行贷款项目，删除了该项目的中间结果指标；②调整了部分年度结果指标和最终结果指标，以反映项目实际进度和子项目的实际修订；③引入了5个核心

[1] 7个关键绩效指标可分5类，包括：1个指标监测供水子项目的受益人数；3个指标监测污水子项目的污染减少情况（即COD、TN和TP）；1个指标监测垃圾子项目的受益人数；1个指标监测机构可持续性运营和维护计划的实施；1个指标监测关于财务可持续性的用户收费的项目区域。

结果指标，包括2个关键绩效指标（如供水设施数量、垃圾处理能力等），并减少了多余的指标。

38 在项目半年进度报告中，定期地更新了机构加强和培训子项目的进展情况。对项目活动和产出都进行了有效记录。如果在项目结果框架中确定了具体指标和年度结果指标，可能会更有系统地对机构加强和培训子项目进行监测。

（3）使用的监测和评价

39 在项目实施过程中持续、定期地更新监测和评价数据，可以使世行团队和省项目办监控项目实施、评估项目进度，以实现项目发展目标。此外，监测和评价数据为项目诊断和重组提供了系统的证据。例如，中期审查时发现，由于某些项目区域污染物浓度低于预期，氮、磷的减排量达不到原设定的目标值。这些调查结果导致了一些结果框架下的项目目标的修订，以反映小城镇的实际情况。总的来说，监测和评价的有效使用是项目满意完成的关键因素。

2.4 安保政策和信贷的遵守

（1）安保政策的遵守

40 本项目触发了4项安全保障政策：环境评价（OP/BP 4.01）、物质文化资源（OP/BP 4.11）、大坝安全（OP4.37）和非自愿移民（OP/BP 4.12）。本项目令人满意地遵守了4项安保政策。每年由独立的咨询单位编写并提交关于移民行动计划和环境监测计划实施情况的外部监测报告。

41 环境评价：本项目投资于能力薄弱的小城镇的环境基础设施，项目地点横跨钱塘江上、中、下游部分，故被列为A类项目。项目综合环评报告和每一个子项目环评报告由委托的咨询机构编制，于2010年4月进行了公示，并于2010年6月由位于华盛顿的信息中心公开。环评报告识别了潜在的不利影响和具体的缓解措施。项目征询了受影响人群的意见，并将他们的意见反映在环境缓解措施当中。每个子项目都编制了适当的环境管理计划。对于项目调整时增加的子项目，补充了相关的环境管理计划并于2014年9月和10月进行了公示，于2014年11月在世界银行信息中心公开。

42 物质文化资源（PCR）：兰溪市游埠镇有4座古石桥，被识别为物质文化资源。项目实施前，项目办已经与利益相关者商定了符合世行政策和国家法规的缓解措施。在项目实施过程中，通过减少振动、噪声、粉尘、固废和水污染，避免夜间施工，减少在敏感地区的交通运输，重视建筑工地周围的交通线路等措施来缓解不利影响。缓解措施的实施将被监测并记录在环境管理计划中，其结果是令人满意的。

43 大坝安全：本项目没有投资大坝建设，但现存有两个上游水库（青山水库、莘畈水库）为供水项目提供水资源。世行大坝安全专家对水库进行了实地考察，并审查了相关安全文件。水库的运行维护和应急管理预案（EPP）得到了世行的认可。在项目实施过程中，水库的运维和安全性令人满意。

44 征地和移民安置：本项目触发世行移民安置政策。外部监测咨询单位很好地监测了移民安置的实施。在项目受影响人群的充分参与下，对他们的受影响情况进行了充分的调查、记录、评估和公开。项目制定了适当的移民安置计划。土地利用和房屋拆迁的补偿标准并不比移民计划规定的低。所有移民补偿均在搬迁前及时支付。此外，还向符合要求的项目受影响人（总计1207人）提供了符合国家规定的社会保险。所有的移民安置恢复及重建措施均遵照移民计划执行。项目移民安置发生在金华、衢州、杭州和绍兴等城市，包括99公顷的永久性土地征用、96公顷的临时用地和26606平方米的房屋拆迁。移民影响比最初计划的要低。受影响的总人数为4839人，低于原来移民计划估计的人数。最终的移民安置费用总计2090万美元，远低于原来移民计划的预算（详见附件9）。

（2）信贷的遵守

45 财务管理绩效令人满意且符合世行政策。本项目的财务管理体系表现优良。项目机构及时编制了综合的项目财务报告。按照约定的方式，在客户财务年度结束后的6个月内对财务报告进行了审计。所有审计工作都是由经世行认可的审计人员进行的，其结果是账务清晰且没有发现重大问题。

46 采购绩效也令人满意并符合世行政策。省项目办和县市项目办指派专职人员负责项目采购，其中部分人员有以往的世行项目经验。项目采购代理很好地帮助了借款人。项目采购计划详细且切合实际，并定期进行更新。投标、合同签订，包括合同变更，都遵循了采购计划和世行采购指南。在项目实施过程中没有出现严重问题，虽然有些项目由于项目当地领导的调整，土地征用和移民安置略有延误，从而导致部分合同略有推迟。

2.5　项目完成后的运营 / 下一阶段

47　项目投资建设了2个水厂以及相应的原水干管及供水管网，4个污水处理厂以及相应的污水管网，1个垃圾填埋场。项目所有资产均有效运作，符合国内规范和标准。本项目下8个公共基础设施（2个水厂，4个污水处理厂，1个垃圾填埋场和1个渗滤液处理厂）均由专业公司承包运营，包括4家民营企业和4家国有企业。专业公司在运营维护方面有丰富的经验（详见附件10）。

48　本项目的财务可持续性得到了保障。项目在所有城镇均引入了用户收费制度。根据贷款协议的规定，项目参与者编制并实施了运维计划，提交了年度财务报告和预测。该行动计划包含了所有基础设施整个周期的运维计划[1]，这些计划已经实施，预计在项目结束后将继续实施。定期的财务报告和预测，包括一些其他证据，支持地方政府制定收费标准、编制财务预算、申请运维相关更高级别的政府补贴以确保财政的可持续性。所有资产的财务表现都是健康的（详见附件3）。如果征收的用户费用不能完全覆盖项目运维成本，项目所有市/县政府都正式承诺将给予财政补贴。

49　本项目不仅强调了实施进度，而且确保了供水、污水和垃圾管理系统整个生命周期的管理。水厂水源受到了保护，污水管网接入了项目区居民住宅，垃圾收集系统运营良好。此外，所有的水厂、污水处理厂、渗滤液处理厂都有专业的监测系统来长期监测并记录水质。

[1]　诸暨水厂在评估时已经制定了合理的运维计划。垃圾填埋场和渗滤液处理厂的运维计划是一个综合计划。

3 成果评估

3.1 目标、设计和实施的关联度

（1）目标的关联度（评级：高）

50 项目发展目标与国家和省的发展重点高度相关。在国家层面，水污染控制、城市水环境治理、小城镇发展是中国第十个五年计划（2001—2005年）的重要组成部分。地表水质量管理、城市环境基础设施建设和小城镇综合发展，已经成为国家环境保护和城市化协调发展的关键。这些优先发展项目是中国“十一五”规划和“十二五”规划的重点，并在国家新型城市化规划（2014—2020年）中提出。目前的“十三五”规划（2016—2020年）进一步强调了提高河流水质、确保供水安全、提高城市环境基础设施建设，尤其是污水和垃圾的收集和处理，以及小城镇的城市化。

51 在省级层面，浙江省国民经济和社会发展第十三个五年（2016—2020年）规划将提高城市环境基础设施的可持续发展定为目标。2013年，浙江省政府推出“五水共治”总体规划（2014—2020年），旨在通过战略性、综合性的方法改善全省水体环境。在2016年末，浙江省政府发布推进浙江省小城镇环境综合整治的通知，进一步证明是省级政府致力于改善水资源管理。

52 项目发展目标和世行2013—2016财政年度的中国国别伙伴战略高度相关（报告编号67566-CN，2012年10月11日），特别符合“支持绿色增长”和“促进更具包容性的发展”的核心理念。本项目投资建设可持续的城市环境基础设施，完全符合绿色增长理念。该理念强调了当前水资源污染面临的挑战，意识到需要综合的水资源与环境管理办法以改善供水、提高污水收集和处理。此外，本项目的重点是缩小城乡基础设施之间的差距，在小城镇提供高质量的公共服务，这与包容性发展的核心理念密切相关。

（2）设计和实施的关联度（评级：高）

53 本项目设计主要应对浙江省小城镇环境污染、环境基础设施缺乏和能力薄弱等一系列关键挑战，并得到了一致认可。项目旨在从浙江省钱塘江流域选定区域，通过改善城市环境基础设施（即供水、污水、垃圾）和加强机构能力（即机构加强和培训）实现项目发展目标。

54 项目结果框架清晰地描述了监测的项目结果。关键绩效指标非常全面，涵盖了供水、污水处理、垃圾管理、机构可持续性、财务可持续性等5个方面。设计的中间结果指标被用于监测中间结果以实现项目发展目标。中间结果指标通过监测接入饮用水的比例、污水收集、垃圾收集、所有公共设施的成本回收比例以及露天垃圾场关闭数量，强调“接受”和“可持续性”两方面。总体结果框架的设计表明，投资、产出和结果之间有很强的因果联系。

55 项目设计特别重视技术、机构和财务的可持续性：成本效益和财务分析、合理的技术设计、考虑整个周期的资产管理、有效的机构安排、机构加强援助、机构和财务可持续性的指标。此外，项目协议约定编制运维计划、财务报告和预测，有助于指导运营维护，为项目决策提供证据。

56 本项目设计结合了行业报告和类似世行项目的经验教训，所有的方案都得到了充分的讨论。该设计还确保了世行贷款项目活动和由配套资金投资的非世行贷款项目的有效联系。配套资金用于征地和移民安置，以及某些环境基础设施项目（如世行贷款项目的水库、二级供水管网、污水管网、雨水管网的设计）和建设期利息。这最大限度地提高了项目的效率和影响力。

57 在整个项目实施过程中，总体实施进度的评级为满意。在实施期间，贷款发放稳步进行[1]。2015年的项目中期调整在设计上是相关联的，对4个子项目范围进行了项目调整，扩大了诸暨供水系统和衢江污水收集管网，使额外的2400个居民受益。磐安县的两个子项目退出世行贷款，但都使用国内资金圆满地完成了。所有的子项目（项目评估或正式修订）均以较低的总成本在最初确定的项目截止日期之前完成。所有项目的完成质量都很高，其中几个子项目还获得了国家、省、

[1] 在2014年2月和7月记录的两份项目实施情况报告中，贷款支付比例保持不变，因为指定账户的周转资金足以支付该期间发生的费用。

市级的相关奖项[1]。截至项目关账，贷款共结余1430万美元，其主要原因是竞争性招标和货币汇率波动（详细情况见附件1）。

3.2 项目发展目标的实现（评级：高）

58 本项目在供水、污水和固废3个子项目上完全实现了所有的项目发展目标。在项目关账前，所有9个关键绩效指标和18个中间结果指标当中的17个达到或超过了原定目标。项目使钱塘江流域内10个县/地区1004800人受益，获得可持续的城市环境基础设施服务（详见数据表F、附件2、附件3；结果照片详见附件11）。

（1）改善了可持续的自来水供水服务

59 本项目大大改善了项目区域的可持续供水。项目投资建设了2个水厂、88.2公里配套供水管网，以及相关的泵站和取水管，总计供水能力9万立方米/天。项目评估时，诸暨只有30%的居民能够获得可靠的供水，而婺城则没有一户家庭能够获得可靠的供水。到项目结束时，诸暨95%的居民和婺城100%的居民获得了饮用水供应。根据关键绩效指标1，在评估时，项目区只有60000人能获得供水服务。截至项目结束时，实际有397000人接受改善的供水服务，超过原定目标值（364418人）的10%（详见附件2和附件11）。

60 通过这个项目，项目区域的水质有了很大的改善。在项目实施前，项目区的饮用水供应质量不稳定，每户家庭都自己取水。在项目完工时，供水水质满足《生活饮用水卫生标准》（GB 5749—2006）中所有指标（共106个）。

61 供水服务具有可持续性。根据监测所得的关键绩效指标5和中间结果指标1，两个水厂征收的水费已完全覆盖运维成本。供水基础设施的运营是可持续的。根据项目协议的规定以及关键绩效指标4，当地政府在专业咨询公司的帮助下，很好地编制和实施了保护水源的运维计划。例如，诸暨市政府于2013年启动并开始实施保护规划和水资源补偿方案，通过生态修复保护饮用水源地。婺城区政府计划

[1] 诸暨市配套管网工程项目荣获“浙江省优秀安装质量奖”、绍兴市“兰花杯”优质市政公用工程奖、诸暨市“珍珠杯”优质工程奖。婺城供水配套管网工程获金华市重点建设项目一等奖。2016年梅城垃圾填埋场荣获“全国市政金杯奖”。

并投资关闭了54家养猪场，调整渔业，建造人工湿地，以改善水源地的水质。本项目还对运营者和工作人员进行了培训，以提高他们的运营能力。水质的定期监测结果符合国家标准（详见数据表、附件2）。

（2）改善了污水收集和处理服务

62 本项目成功改善了项目区域的可持续污水收集和处理基础设施。项目共投资建设了4个污水处理厂（污水处理能力总计8万立方米/天），在7个项目县/区安装了总长度为83.7公里的污水收集管道，以及处理后的污水出水管网和相关泵站。在项目实施前，项目区域几乎没有污水处理系统。在项目结束时，项目区域的污水管网连接到污水处理厂，污水收集和处理率已经达到或超过各自的关键指标（中间结果指标2）。磐安县云山地区在项目调整时退出世行贷款，但其利用国内资金建设完成且运行良好[1]。总的来说，项目使388000人从改善的污水收集和处理服务中受益。按县/区划分的污水收集/处理率和受益人数统计见表a。

表a 污水收集/处理率和受益人数

县/地区	建德	衢江	游埠	尖山	深泽	江南	龙游
项目评估时（%）	0	0	0	0	0	0	0
目标值（%）	85	80	70	65	30	75	85
关账时实际值（%）	97	93	78	77	60	85	91
受益人	220000	60000	25000	35000	15000	25000	8000

63 本项目实现了有意义且可以测量的污染物减少目标，减轻了进入当地河流的污染负荷。在项目实施前，项目区域内产生的污水未经处理直接排入当地河流。在项目结束时，产生的大部分污水得到了妥善处理。经过4个污水处理厂的处理，每年可以减少3974吨的COD、182吨的总氮、42吨的总磷排放。这些数据均超过了COD3745吨/年（项目评估）、总氮141吨/年（正式修订）、总磷30吨/年（正式修订）的关键绩效指标。处理后尾水的关键参数由外部监测单位定期进行检测，所有处理后的尾水均达到国家污染物排放标准一级A标准（详见附件2）。水质的改善

[1] 随着国内资金的到位，云山子项目在项目重组中被放弃。项目完成且运行良好。2016年，云山市85%的污水被收集，超过初始目标的75%。所收集的污水经安文污水处理厂（市管理局运行维护）处理，出水达到国家污染物排放标准一级A标准。云山已按原计划引入污水收费标准。

不仅仅是由于本项目投资，但本项目投资无疑有助于改善水质。例如在游埠镇，贯穿城市中心的古溪河的水质从2009年的Ⅳ类水提高到Ⅲ类水[1]（照片见附件11）。

64 污水处理设施运维具有可持续性。在本项目关账时，所有的项目区域均引入了污水费，监测指标详见关键绩效指标5及中间结果指标2。根据项目协议规定的条款和关键绩效指标4，所有污水处理设施的责任主体均编制和实施了运维计划；同时做了财务报告和预测以指导污水费调整和支持财政补贴的应用。在建德、衢江和尖山，污水费部分或完全覆盖了运维成本，达到或超过了原定的项目绩效指标。其中有一个中间结果指标没有达到项目目标：在游埠镇，目前的污水费覆盖运维成本的比例为61%，低于70%的目标值。其原因是，作为一个小城镇，游埠镇政府从2016年开始仅收取商业和工业污水费，计划2018年开始收取个人污水费。根据财务的预测，2018年游埠镇污水费覆盖运维成本的比例将达到目标值（详见附件3）。

65 本项目还示范了运营和建设小规模污水处理厂的运营和财务可持续性。基于以往的经验，经过财务分析和考察，在游埠、衢江和尖山通过政府和社会资本合作（PPP）模式引入专业的私营企业来运营和维护污水处理厂。同一个城市的一些小规模污水处理厂（如兰溪）被同一家私营企业运营，对于提高效率和规模经济都是非常有效的。本项目还对经营者进行了培训，以提高他们的管理和运营能力。此外，项目协议规定的财务报告和预测为收费标准、预算编制和补贴申请提供了佐证。如果污水处理厂的运维成本不能全部被污水费覆盖，县/市政府承诺将会提供补贴（详见附件10）。

（3）提供垃圾管理

66 本项目大大改善了选定区域可持续垃圾管理基础设施服务。项目投资建设一期库容21000立方米（远期427000立方米）的梅城垃圾填埋场，日处理能力180立方米的三级渗滤液处理厂，并关闭位于建德市梅城镇的3个露天垃圾填埋

---

[1] 《地表水环境质量标准》（GB 3838—2002）规定，Ⅲ类水适用于二级饮用水源地、普通渔业保护区、游泳区。Ⅳ类水可用于工业，但不适合人类使用。本项目将古溪河从一条臭气熏天的河流变成了受欢迎的水景观，其COD、TN、TP水平分别从2009年的17mg/L、0.85mg/L和0.21mg/L下降到2016年的13mg/L、0.81mg/L和0.17mg/L。

场。本项目使得建德市处置工业和城市废弃物的能力达到了280000立方米，超过关键绩效指标3的目标值。本项目7个乡镇的垃圾收集和处理率达到了100%，超过了中间结果指标4的目标值。这些努力减少了对地表水、地下水和土壤的污染。项目结束时，本项目为建德市7个乡镇的219800个居民提供了垃圾收集和处置服务，在本项目实施前居民无法获得这种服务。项目受益人数超过关键绩效指标3中的目标值8.5%（详见附件2；照片详见附件11）。

67 垃圾填埋设施具有可持续性。在项目镇引入了用户付费政策，这在关键绩效指标5和中间结果指标4中反映。项目结束时，卫生垃圾填埋场包括渗滤液处理厂用户费用覆盖运维成本的比例达到了31%，超过了最终结果指标。按照项目协议约定编制并实施了项目运维行动计划，其监测结果反映在关键绩效指标4中，该行动计划提升了垃圾处理设施的可持续性。建德市雇用了专业的公司来运行和维护垃圾填埋场以及渗滤液处理厂，并委托独立的监测机构每两个月对出水质量进行监测，监测结果符合国家污染物控制标准[1]。本项目还对运维管理人员和工作人员进行了培训，以提高其管理和运营能力。如果用户费不能全部覆盖垃圾填埋场的运维成本，建德市政府承诺将会提供补贴（详见附件3和附件10）。

68 此外，从更广泛的角度来看，可持续性得到了加强。关闭了3个露天填埋场以减少对地表水的污染，监测结果反映在中间结果指标4中。外部监测机构定期对关闭位置的地表水进行监测，确保该地区垃圾填埋场真正关闭。垃圾填埋场和渗滤液处理厂对当地学生开放参观，以加强减少、再循环、再利用固体垃圾的公共意识。

（4）机构加强和培训

69 本项目提升了机构的可持续性。项目主要投资在项目管理、技术援助、质量控制服务、培训和考察方面，主要包括：①提高技术设计和采购的质量；②提高实施单位项目管理的质量；③培训公共基础设施的运维管理者；④支持编制运维计划、财务报告和预测；⑤监测项目进度和结果。本项目通过规划、建设、环境基础实施运维、项目管理、环境工程和财务预测等5个主要的培训课程，共为省

[1] 《生活垃圾填埋场控制标准》（GB 16889—2008）。

项目办、地方项目办、项目实施机构、运维管理公司的123个管理人员和工作人员提供了培训。项目在环境基础设施、乡镇规划、运营维护等方面组织了6次考察，参加考察的政府部门人员和其他管理人员共计49人。这些活动加强了浙江省政府和地方相关部门以及运维公司的能力，对管理小城镇基础设施机构的可持续性有很大帮助（详见附件2）。

70　项目的专题研究《浙江省历史文化街区、名镇、名村基础设施改善与历史建筑保护专题研究》，为小城镇环境基础设施规范和综合历史保护提供了技术指导。浙江省有很多水乡小镇具有很高的历史和文化价值。课题研究还为省级总体规划提供了参考。项目设计的综合性方法、应对小城镇环境挑战的战略性规划被纳入浙江省“五水共治”（治污水、防洪水、排涝水、保供水、抓节水）的省级总体规划。该规划于2014年发布，为全省水环境整治行动提供广泛的指导。项目课题研究和总体规划十分有助于浙江省小城镇基础设施的可持续发展，这已经完全覆盖和超出了本项目的范围（详见附件2）。

3.3　效率（评级：高）

71　为确定项目的财务可持续性，在项目评估时做了财务分析。分析结果显示供水子项目下的供水公司有实施和运营的财务能力。财务预测显示，诸暨水务公司积极发展本项目并保持其偿债能力。在项目评估时还对其他的污水固体废物公司进行了财务预测，预计其无法收回全部成本，也无法承担偿债义务。财务预测显示，如果收费达到预期的成本覆盖率，这些企业的运维能保持财务稳定。财务内部收益率分析显示与投资回报正相关。

72　在实施过程中，项目协议约定定期报告公共设施运营的财务情况和财务预测。供水厂已实现用户费全面覆盖运维成本。污水子项目中，建德、衢江、尖山污水处理厂已在2016年实现用户费覆盖运维成本的目标值[1]，超过了项目最终结果指标。游埠镇计划开始收取居民污水处理费，预计2018年实现居民用户付费，实现

[1]　建德污水处理厂的运行维护费用回收目标是100%。由于建德已经有了一个污水处理厂，所以项目投资扩建了污水处理厂。该项目下的其他3个污水处理厂是新建的，规模较小，因此旨在部分回收运营和维护成本（衢江90%，游埠和尖山70%）。

覆盖运维成本的目标值。垃圾子项目已经超过用户费覆盖运维成本的目标值。各个地方政府已承诺对公共基础设施进行财政补贴（详见附件3）。

73　项目结果分析是为了预测公共设施运营近期的财务可持续性。本项目下建造的所有公共设施（8个）在运营上都保持财务稳定，近期也将保持财务健康（详见附件3）。

74　在项目评估时进行了支付能力分析，以确定低收入家庭的污水费支付能力。项目结果分析包括支付能力假设的更新和支付能力水平的重新计算。由于低收入家庭的收入增长速度快于污水费，家庭具备支付污水服务费的能力（详见附件3）。

75　项目评估时进行的财务分析显示，项目县（市、区）政府完全具备财务负债能力，因为所需的配套资金只占政府年度预算和基础设施开支的一小部分。在实施过程中，项目县市及时提供了配套资金。财务分析表明，世行贷款债务的最大影响是占政府收入的2%或者更少。项目评估时，财务预测基于5%的财政收入年增长率，低于浙江省近年来财政收入年增加的实际数字（8%～10%）。

76　项目评估时对供水、污水和垃圾子项目进行了经济分析。成本效益分析显示了实施供水和污水子项目的经济合理性，垃圾子项目采用最低成本法分析成本效益并指导最优干预措施的选择。对于供水子项目，对居民受益的评估基于支付意愿调查，而对于工业和第三产业受益的评估基于生产率变动法。最终分析结果表明，供水子项目的经济内部收益率为15%～20%。对于污水子项目，经济效益的评估基于水环境恶化和中国东部省份GDP相联系的利益转移法。用城市污染物总量的减少来评估当地GDP的经济效益。最终分析结果表明，污水子项目的经济内部收益率为14%～28%。对于建德垃圾子项目，采用最低成本法进行了方案比选，并从低成本投入和更大的储存能力方面考虑后选择了相应方案。支付意愿调查结果显示，诸暨市水价为每吨1.89元，建德固体垃圾收费为每月每户3.18元。

77　项目结束后进行了分析以追踪项目的经济合理性。项目评估时对垃圾子项目进行了最小成本分析，并将项目实施时的估计成本与实际成本进行了比较。最终分析结果表明，项目选择是合理有效的。对于供水和污水子项目，成本效益分析根据实际的资本性支出、运营成本、GDP和生产产出进行了更新。最终分析结果表明，主要由于工业水价的增加，供水子项目的回报率较高。对于污水子项目，分析结果与项目评估时预测保持一致（详见附件3）。

78 本项目的实施也表现出较高的管理效率：①原定和正式修订的项目活动以较低的总成本和较高的质量完成；②项目调整时增加的子项目工期没有超过项目截止日期；③整个项目按时完成。

79 结论：本项目效率高。总的说来，项目结束时更新的财务和经济分析结果表明，项目评估时所做的估计和假设与实际结果相符，而且项目的财务和经济情况依然合理有效。本项目管理效率高。

3.4 项目结果总体评级的理由（评级：高度满意）

80 项目结果总体评级是高度满意。与项目发展目标保持高度相关，设计和实施高度满意。各方面项目发展目标的实现效率高，项目的整体效率高。

3.5 首要主题、其他产出和影响

（1）贫困影响、性别问题和社会发展

81 所有项目县（市、区）的人均GDP低于省平均值。受益居民多位于项目县市区服务水平低的区域，低收入居民相对集中。项目大大改善了供水、污水收集和处理、垃圾处置服务，有助于提高环境质量，所有这些都有利于改善贫困人群的生活条件。对于具体的贫困影响未进行测量和监测。

82 本项目下没有明确的性别主题。女性居民从改善的环境基础设施和环境质量中受益。在供水子项目区域，许多妇女以前负责为家庭取水，供水服务使家庭妇女的劳动力得到了解放。

（2）机构改变/加强

83 省项目办、地方项目办、项目公司的工作人员的能力通过有目的的机构加强和培训子项目以及工作实践得到了提高。尤其是，项目加强了小城镇的机构能力，小城镇能力薄弱被项目识别为关键的挑战。虽然省项目办通过早期的世行项目实施积累了经验，但所有项目市县都是第一次参与世行项目。本项目从项目管理、合同管理、信贷和安全政策遵守、小城镇环境基础设施发展和运维等技术领域方面进行了培训和实践，帮助进行市/县层面的能力建设。此外，项目考察接触到国内和国际小城镇发展和环境基础设施的最佳做法，扩大了当地领导人和工作人员的视野，以便将学到的经验教训应用到本项目和今后相似的项目中。

84 根据项目协议规定所编制的运维计划、财务报告和预测，为地方政府和市政公司管理资产提供了一套循证和分析的方法，为机构改进奠定了基础。此外，PPP模式利用了不同部门的优势，加强了管理能力和市政公司的可持续性。此外，本项目促进了一些市政公司的机构改革，使其以更有效和更经济的自负盈亏的方式运作（详见附件7）。

（3）其他意外的产出和影响（正面或负面的）

85 通过本项目实施，游埠古镇当地的环境和经济有了明显改善。在项目实施前，游埠镇没有污水收集和处理系统。位于镇中心的古溪河存在污染。本项目提升了古镇中心的旧街道和相关的雨水、污水管网，修建了污水处理厂并修复了河堤。项目结束后，项目区域78%的住户接入了污水处理系统。项目使游埠镇40000居民中的25000居民从享受污水处理设施服务和改善的环境中受益。

86 游埠古溪已经成为居民和游客的著名休闲景点（照片详见附件11）。项目改善水质、修复堤岸、改造道路，促进了游埠古镇的旅游业快速增长和地方经济的发展（见表b），虽然旅游增长是多种因素共同作用的结果（例如，浙江旅游的整体增长、历史建筑的修复、城市连通性的提升、推广等）。

表b 游埠古镇旅游业的增长和当地经济的发展

年度	每年游客数量	当地旅游业收入（百万美元）	每年人均收入	与旅游相关的工作岗位数	与旅游相关的小微企业数
2009	50000	2.9	839	5	2
2016	300000	41.4	1913	35	15

3.6. 受益者调查结果/利益相关者研讨会的综述

87 没有进行受益者调查和利益相关者研讨会。

4 发展成果风险评估（评级：适中）

88 机构：小城镇运营和维护环境基础设施能力弱的风险。等级：低到可忽略不计。这个机构的风险已通过四大措施得以缓解。首先，本项目实施机构针对所有建立的资产制定了整个生命周期的运维行动计划，并由运营商实施。其次，小城镇公共设施已有合适的制度安排解决实施能力薄弱的问题。小规模的公共设施包括游埠和尖山污水厂、梅城渗滤液处理厂都由经验丰富的私营运营商运维管理，这些运营商还运维该地区其他类似设施。梅城垃圾填埋场由建德市城管局管理，相比镇具备更强的能力。第三，运营人员非常专业且训练有素。本项目下机构加强和培训子项目提高了运营人员的能力。第四，地方政府致力于支持设施的运营和维护。浙江省政府高度重视小城镇发展、供水、污水处理、垃圾管理，这在全省“五水共治”总体规划和省“十三五”规划中得到强调。

89 财务：污水处理和垃圾管理缺乏足够资金的风险。等级：适中。污水和垃圾设备资产的财务可持续性面临挑战。根据目前的用户收费值和财务预测，8个公共设施中的3个实现了用户收费部分覆盖运维成本。缓解措施是逐步引入用户收费制度和提高用户缴费标准，以及获得上级政府固定的财政补贴。所有项目城市已经开始收取用户费。诸暨和衢江分别于2013年和2017年提高了用户费；游埠将在2018年提高收费标准。本项目下的市/县政府已承诺向污水处理和垃圾管理提供财政补贴。浙江是“十二五”规划下推进城乡一体化的试点省份之一，将在“十三五”规划期内继续执行向小城镇和农村地区的转移支付。

90 水质：两个供水厂水源受到污染的风险。评级：低到可忽略不计。为减轻这类风险，地方政府制定了行动计划以保护饮用水水源，目前这些计划执行良好。对于青山水库、莘畈水库这两个供水水源地，已通过一系列行动显著减少流域污染。对水质一直做定期监测。各地政府已承诺继续努力保护水源和监测水质。

91 自然灾害：自然灾害对基础设施造成破坏的风险。评级：适中。浙江容易遭受包括洪水和台风在内的一系列自然灾害。自然灾害破坏已建成基础设施的风险为适中。浙江省政府针对灾害预防、应急响应，已经有覆盖全省范围的计划和预算。本项目已将防洪要求纳入工程设计。此外，还有一些城镇防洪改善排水系统的子项目。

5 世行和借款人的绩效评估

5.1 世行绩效

（1）前期保证质量（评级：高度满意）

92 世行在前期保证质量方面的表现令人高度满意。世界银行动员了大量相关领域（环境工程、水资源管理、经济和财务分析、社会和环境分析）专家，协助借款人进行项目准备和评估。世行团队对相关政府部门的计划和政策以及报告和项目进行了全面审查。因此，该项目解决了关键的挑战并提出了适当的设计，以提高钱塘江流域小城镇环境基础设施的可持续性。

93 世行团队进行了深入的技术、财务和经济分析，以确保最具成本效益和可持续性的投资。世行团队仔细审查了可行性研究报告、环评报告、环境管理计划、移民行动计划和采购计划。适当的实施安排和风险缓解措施为项目的成功实施奠定了基础。世行团队与借款人密切合作，在省、市两级保持有效的沟通。该项目在15个月内完成了从概念审查到董事会批准，历时63个工作周，总费用为356230美元（详见附件4）。

94 世行团队结合以往学到的经验，很好地设计了项目，在小城镇实施能力较弱的情况下，成功地建设和运作了小规模的环境基础设施。在项目协议中约定法律条款，以提高机构和财务的可持续性，采用有效的政府和社会资本合作（PPP）模式来管理运营，雇佣咨询公司加强项目管理。

（2）监管质量（评级：高度满意）

95 世行在保证监管质量方面的表现令人高度满意。在整个项目实施期间，世行团队专注于技术方面和项目管理，以确保实施质量达到项目绩效。世行团队每6个月进行一次监督检查，包括进行广泛的实地考察。检查团审查了项目实施进度、工程质量、技术问题、财务状况、安全保障情况等。项目办按时提供了11个全面且公正的项目实施情况报告（ISRs）（详见数据表G）。项目监督检查工作按时完成，总计费用为397190美元，耗时99个工作周（详见附件4）。整个项目实施过程严格遵守了世行安保政策和财务政策。

96　在项目实施过程中，世行项目团队与借款方以及其他参与者保持频繁而有效的沟通，包括省项目办、地方项目办、项目实施机构、咨询专家、24个设计机构、采购代理。第二任团队项目经理是项目准备阶段的团队成员之一，非常熟悉项目内容并领导了项目实施直至最后完工。关键技术、安全保障和财务专家与项目准备阶段的人员一致。世行项目团队按时进行了项目中期审查并协助省项目办推进项目中期调整，通过有效的采购和磐安云山子项目的退出节约贷款，加强了项目发展目标的实现，

97　世行团队以务实的态度积极支持省项目办解决问题，尤其是技术变化、土地征用和移民安置等困难。例如，在桐庐县江南镇，因为对世行投资活动的移民安置产生影响，总体规划在实施期间进行了修订。世行团队积极主动地与借款人合作，审查并优化子项目设计，进行尽职调查以确保项目区域产生的污水被充分收集，最终实现项目发展目标。

（3）世行整体绩效评价（评级：高度满意）

98　项目前期保证质量的评级以及监管质量的评级均为高度满意，基于此，世行的整体绩效评价的评级为高度满意。

5.2　借款人绩效

（1）政府绩效（评级：高度满意）

99　浙江省政府的表现令人高度满意。项目领导小组与中国国家政府和各省级机构有效协调。省政府各主要职能部门全力支持且有效促进国内审批程序。在项目准备和实施过程中，浙江省政府示范出强大的责任担当，项目配套资金充足且分配及时。

100　省项目办设在浙江省建设厅，有效且高效地协调了其他省级政府部门，努力协调了地方项目办和实施机构，监督项目实施进度，解决问题，并与世界银行沟通。省级项目管理办公室的领导和工作人员称职且专业；主要领导和工作人员从

项目鉴定到完工都保持稳定。从设计院、采购代理到项目咨询公司，省项目办及时监督检查，准备了高质量的技术设计文件、采购计划、支付预测、投标文件、审计文件、提款申请、半年度进度报告、借款人完工报告等。

101 第一次支付是在世行贷款生效后两个月进行的。整个项目实施相当顺利，25次报账支付都没有明显的拖延。省项目办主导的机构加强和培训活动进展也非常顺利。环评报告、环境管理计划和移民行动计划等文件准备齐全，安全保障措施的监测报告均按时提交。没有发生重大的安全保障措施或财务方面问题。项目关账前所有项目活动（评估和正式修订确认的）均按时完成，所有项目发展目标的绩效指标均达到或超过了原定值。

102 浙江省高度致力于小城镇环境基础设施发展。受项目评估确认的技术援助的启发，浙江省编制并广泛实施了“五水共治”总体规划。浙江省政府还编制了其他部门的研究和规划，如浙江省“十二五”规划下的中心城镇环境基础设施发展（2011—2015年）、浙江省城市治理改革的研究、“十二五”规划下浙江小城镇发展研究、浙江省小城镇发展的政策指导和研究、新时期小城镇规划研究。这些规划和研究均由浙江省政府投资和负责。

103 在中期审查时，省项目办和世行团队一起协调了地方项目办，审查了所有子项的进度。子项目2–5磐缙公路扩建及雨水、污水管道工程由于相连的省级公路建设延迟，退出世行贷款项目。子项目2–6磐安县深泽片区污水管网采用国内资金建设，退出世行贷款项目。省项目办、地方项目办和世行积极协商，根据项目发展目标，利用结余贷款资金新增了相关项目活动[1]。

104 浙江省通过与中国其他省份的学习交流活动分享了项目经验。在实施过程中，浙江省项目办和地方项目办将小型基础设施项目的管理和可持续运营经验介绍给陕西省和贵州省项目办，后者分别负责陕西小城镇基础设施建设项目与贵州的文化和自然遗产保护与开发项目。

[1] 中期审查于2014年4月进行，对项目实施进度进行了审查。世行团队和借款人在中期审查和接下来的两个月里对可能调整的区域进行了讨论。9月，世行团队确认了调整的区域。随后进行了补充评估和技术讨论。2014年12月，世行收到了财政部的调整请求。世行完成了调整文件，并于2015年3月10日批准。

（2）实施机构绩效（评级：满意）

105 实施机构（包括地方政府和实施单位）的表现令人满意。在地方层级，市级政府发挥了整体协调作用。县级政府对小城镇的污水处理和垃圾管理给予了足够的补贴。市、县两级政府在实施过程中提供了充足的配套资金，确保移民和征地按时完成。

106 在县级层面的地方项目办，虽然没有世行项目经验，但显示出了强有力的领导能力，为关键地区的关键项目管理提供了支持，如协调、采购、财务管理、安保政策等。每一个地方项目办有效地监管着1～3个实施单位。本项目中的镇级政府积极主动地支持项目准备和实施，积极解决问题并完全遵守世行政策，表现出坚定的决心。

107 项目实施单位管理和完成了详细的设计文件、设计审查、采购、土建工程监理、环境管理计划及移民行动计划的实施、项目运营，并为项目监测和评价收集数据，其总体表现令人满意。子项目的完成质量很高，其中几个子项目还荣获了国家级、省级或市级的奖项。除了一些小的延迟以外，大多数子项目都按时完成，确保了项目的成功关账。

（3）借款人整体绩效评价的理由（评级：满意）

108 基于对政府绩效评价的满意评级和对实施机构绩效评价的满意评级，借款人的整体绩效评价被评定为满意。

6 经验教训

109 小城镇环境基础设施的运营管理可以通过精心设计的政府和社会资本合作（PPP）模式和能力建设实现有效和高效，这是应对小城镇运营管理能力薄弱挑战的有效措施。所有在这个项目下建造的资产全由专业公司运营，包括4个国有企业和4个私营企业（详见附件10）。最小的公用设施（即游埠、尖山污水厂，建德渗滤液处理厂）由私人公司以高度专业的方式进行运营。游埠污水厂的运营商经营着该地区的其他几个小规模的污水厂；建德渗滤液处理厂的运营商是通过一个“工程、采购、施工”合同方式实施的。从财务的角度来看，PPP是有效的，因为资源和专业技术可被一些设施共享。虽然小的污水厂通常比大的污水厂运营成本更高，但PPP的参与为尖山、游埠和衢江新的小规模污水厂的运营管理提供了可预测的成本结构，从而降低财务风险。

110 由用户承担费用和上级政府补贴相结合的实际融资机制已被证明在小城镇环境基础设施融资中是有效的。小城镇建设和运营环境基础设施的融资能力相对较弱，且运行小规模的环境基础设施通常比大的成本更高。在本项目中，市/县级政府负责偿还世行贷款，镇级政府负责污水和垃圾处理设施的资本成本。基于现实的财务分析，污水和垃圾子项目运营维护费由用户和上级政府的补贴构成。所有项目区域引入了用户费用制度，旨在通过逐渐增加收费标准，实现运营管理成本全覆盖。这个措施解决了小城镇的融资挑战，响应了国家政策，从上级政府和用户两方面调集了资源，既避免用户负担过重，又确保了可持续发展。

111 编制和实施运维计划和财务预测有助于提高小城镇环境基础设施中财务和机构的可持续性。编制运行维护计划、财务分析和预测作为项目协议中约定的法律条款，被证明是有用的。行动计划确保了运营管理的可持续性。财务分析和预测为收费标准设计、补贴申请和可持续的业务发展计划的决策奠定了基础。基于此，两个项目区（衢江和婺城）、一个镇（游埠）提高了收费标准。差异化的污水处理收费标准对当地人减少污水排放也有刺激作用。这个经验对于其他类似的项目有参考价值。

112 在小城镇环境基础设施的技术设计中应该充分结合当地情况，以确保成本效益。小城镇当地的机遇和约束相差很大，使解决方案符合当地情况是成功的关键。桐庐县江南镇最初建议在江南镇建设一个新的小规模的污水处理厂，但基于方案比选和成本效益分析，最终改为利用另一个县城现有的污水处理厂，本项目下只建设污水管网的方案。另一方面，在决定小城镇污水厂削减污染物排放的目标时，应仔细考虑当地环境情况。一些目标最初是基于国内工程设计指南设置的，但由于一些小城镇的污水进水浓度低于指南，设定的污染物削减目标无法实现，所以在调整时对指标做了相应的下调。

7 借款人 / 实施机构 / 合作伙伴的意见

（1）借款人 / 实施机构

113 借款人完工报告摘要详见附件7。总的来说，借款人认为项目圆满完成，并强调世行团队的支持和指导对项目成功做出了重大贡献。

（2）共同投资者

无。

（3）其他合作伙伴和利益相关者

无。

附件1 工程费用和融资

工程费用和融资见附表1.1–1.2。

附表1.1 按分项的工程费用

子项目名称	世行评估的估算（百万美元）	实际的费用（百万美元）	评估/实际百分比
一、自来水和配水管网	35.64	41.95	118%
1. 诸暨	18.61	25.87	139%
2. 婺城	17.03	16.08	94%
二、污水收集和处理	158.03	126.58	80%
3. 建德	17.35	14.78	85%
4. 衢江	25.28	37.11	147%
5. 游埠	12.09	11.55	96%
6. 磐安尖山	7.48	7.58	101%
7. 磐安深泽	23.94	24.79	104%
8. 磐安云山	8.55	0	0
9. 江南	19.58	9.93	51%
10. 龙游	43.77	20.84	48%
三、垃圾管理	20.32	23.28	115%
11. 梅城	20.32	23.28	115%
四、机构加强和培训	2.00	1.20	60%
合计[1]	215.99	193.01	89.4%

附表1.2 融资

资金来源	世行评估的估算（百万美元）	实际的费用(百万美元)	评估/实际百分比
借款人	116.00	107.32	92.5%
世界银行	100.00	85.69	85.7%

[1] 包括不可预见费与先征费。

附件2 项目按子项的成果

1 子项目1、2、3

子项目1、2、3在26个项目县市/镇/社区建立了广泛的城市环境基础设施，其成果产出令人满意。具体的成果和产出详见附表2.1。

附表2.1 子项目1、2、3的产出和成果

子项目	评估时计划产出	实际完成产出	成果
子项目一：自来水供水			
诸暨市青山水厂及配套管网工程	提升诸暨市大唐、草塔、王家井、牌头、安华等乡镇的供水服务，建设内容： 1）长0.5公里的原水输送主干管； 2）4万立方米/天的青山水厂1座，4.4万立方米/天的原水泵站1座； 3）长44.5公里的输配水管网； 4）1.5万立方米/天的泵站1座	项目完成： 1）长0.5公里的原水输送主干管； 2）4万立方米/天的青山水厂1座，4.4万立方米/天的原水泵站1座； 3）长93.1公里的输配水管网； 4）1.5万立方米/天的泵站1座	1）为247000居民提供了改善后的供水服务； 2）将5个项目乡镇的家庭接入饮用水的百分比从30%提高到95%； 3）提升了诸暨市西南农村地区的供水条件； 4）自来水质量达到中国居民饮用水标准
金华市婺城区汤溪水厂及供水管网工程	提高金华市婺城区汤溪、洋埠、罗埠、蒋堂4个镇和莘畈乡的供水服务，建设内容： 1）自莘畈水库长0.5公里的重力引水管； 2）5万立方米/天的汤溪水厂； 3）长16公里的净水输送主干管； 4）1500立方米的东门山高位清水池； 5）汤溪镇长15.2公里的二级输配水管网； 6）蒋堂镇长24.4公里的二级输配水管网	项目完成： 1）自莘畈水库长0.5公里的重力引水管； 2）5万立方米/天的汤溪水厂； 3）长12.8公里的净水输送主干管； 4）1500立方米的东门山高位清水池； 5）汤溪镇长15.2公里的二级输配水管网； 6）蒋堂镇长24.4公里的二级输配水管网	1）为150000居民提供了改善后的供水服务； 2）将4个项目乡镇的家庭接入饮用水的百分比从0%提高到100%； 3）向金华市西部地区供水； 4）自来水质量达到中国居民饮用水标准

续表

子项目	评估时计划产出	实际完成产出	成果
子项目二：污水收集和处理			
建德市城东污水处理厂二期工程	通过建设以下内容提高更楼、新安江、洋溪街道的污水收集和处理： 1）长 24 公里的污水收集管网； 2）将现有 3 万立方米 / 天的城东污水处理厂扩容至 4.9 万立方米 / 天； 3）提升处理工艺以达到尾水排放一级 A 标准； 4）4500 立方米 / 天的提升泵站 1 座	通过建设以下内容提高了更楼、新安江、洋溪街道的污水收集和处理： 1）长 6 公里的污水收集管网； 2）将 3 万立方米 / 天的城东污水处理厂扩容至 4.9 万立方米 / 天； 3）提升处理工艺以达到尾水排放一级 A 标准； 4）4500 立方米 / 天的提升泵站 1 座	1）升级和扩容了位于建德核心市区位置的污水收集和处理系统； 2）项目区域接受污水收集和处理的百分比从 0 提升至 97%； 3）提升了处理工艺并达到尾水排放一级 A 标准； 4）减少了流入新安江的污染； 5）220000 人从提升的水体环境受益
衢州市城东污水处理厂及配套管网工程和衢江区霞飞路以西建成区块污（雨）水管网改造工程	通过建设以下内容提高衢江区的雨水收集系统以及污水收集和处理系统： 1）长 9.6 公里的污水管网； 2）长 10.5 公里的雨水管网； 3）2 万立方米 / 天的城东污水处理厂； 4）霞飞路以西 13 条道路下敷设 30.8 公里长的污水管道和 22 公里长的雨水管道； 5）非世行贷款部分将在振兴西路和通江路下敷设 4.2 公里长的污水管道和 3 公里长的雨水管道	该子项通过建设以下内容提高了衢江区的雨水收集系统以及污水收集和处理系统： 1）长 10.2 公里的污水管网； 2）长 9.8 公里的雨水管网； 3）2 万立方米 / 天的城东污水处理厂； 4）霞飞路以西 13 条道路下敷设 33.7 公里长的污水管道和 26.4 公里长的雨水管道。 以下项目活动是在中期调整时增加的，服务范围增加 1.2 平方公里，新增 2000 个居民受益： 1）江滨东路和芳桂北路共计长 4.6 公里； 2）江滨东路和芳桂北路配套雨水管网共计 3.8 公里； 3）江滨东路和芳桂北路配套供水管网共计 2.6 公里； 4）江滨东路和芳桂北路配套污水管网共计 2.9 公里。 新建振兴西路和通江路下管网包括： 1）4.2 公里污水管网； 2）3.0 公里雨水管网	1）有效提升了衢江区的污水收集和处理系统； 2）项目区域污水收集和处理率从 0 增加到 93%； 3）将衢江区的污水收集和处理系统和原有的排水系统分开； 4）污水处理厂的尾水排放达到一级 A 标准； 5）减少了流入新安江的污染； 6）约 60000 人从提升的设施中受益

续表

子项目	评估时计划产出	实际完成产出	成果
兰溪市游埠镇污水处理（一期）工程和游埠古镇基础设施项目	该子项目将提升游埠镇的污水收集和处理系统，主要建设内容： 1）5000立方米/天的污水处理厂； 2）长1.7公里的排放管； 3）在古镇中心区修复古街1.7公里，并敷设雨、污管网； 4）位于新城区的1.5公里道路和配套雨、污管网； 5）新城区长11.1公里的污水管网； 6）长0.7公里的古溪河岸整治	该子项目通过建设如下内容提升了污水收集和处理系统： 1）5000立方米/天的污水处理厂； 2）长1.7公里的排放管； 3）在古镇中心区修复古街1.7公里，并敷设雨、污管网； 4）位于新城区的1.5公里道路和配套雨、污管网； 5）新城区长5.8公里的污水管网； 6）长0.7公里的古溪河岸整治	1）将游埠镇的污水收集和处理率从0提升至78%。 2）污水处理厂的尾水排放达到一级A标准； 3）修复了游埠古镇的基础设施和城市环境； 4）提升了新城区的雨水管网和污水系统； 5）大大提升的水环境使大约25000人受益
磐安县尖山污水处理厂（一期）	该子项目将提升尖山镇的污水收集和处理系统，主要建设内容： 1）尖山镇长4.75公里的污水管道； 2）3座泵站，规模分别为5000立方米/天，3000立方米/天和2000立方米/天； 3）6000立方米/天的污水处理厂1座	该子项目提升了尖山镇的污水收集和处理系统，主要建设内容： 1）尖山镇长4.75公里的污水管道； 2）3座泵站，规模分别为5000立方米/天，3000立方米/天和2000立方米/天； 3）6000立方米/天的污水处理厂1座	1）将项目区域污水收集和处理率从0提升至77%。 2）污水处理厂的尾水排放达到一级A标准； 3）提升的水环境使大约35000人受益
磐安县深泽环境综合治理项目	本项目将修复翠溪护岸并提升沿河的污水管网，同时提升深泽片区的道路、污水系统和排水系统，主要建设内容： 1）2.3公里的翠溪护岸整治； 2）翠溪两岸敷设2×2.3公里的污水管道； 3）4.3公里磐缙公路道路拓宽，并敷设配套的雨、污管网； 3）长2×5.0公里的深泽至现有安文污水处理厂的主干管	本项目修复了翠溪河护岸并提升了沿河的污水管网，同时提升了深泽片区的道路、污水系统和排水系统，主要完成的建设内容： 1）2.3公里的翠溪护岸整治； 2）翠溪两岸敷设2×2.3公里的污水管道； 3）长10.0公里的深泽至现有安文污水处理厂的主干管	1）提升了深泽片区的污水收集系统并连接到现有污水处理厂的污水管网； 2)修复了翠溪护岸； 3）将深泽片区的污水收集和处理率从0提升至60%。 4）污水处理厂的尾水排放达到一级A标准； 5）提升的水环境使大约15000人受益

续表

子项目	评估时计划产出	实际完成产出	成果
磐安安文镇云山片区污水管网工程	该子项目将提升污水收集和处理系统，污水管网与现有安文污水处理厂连接，建设内容： 1）长 17.1 公里的污水收集管道； 2）一座 2000 立方米 / 天的泵站	本项目在中期调整时退出世行贷款项目。项目活动采用国内资金完成	采用非世行贷款提升了云山的污水系统。项目区域产生的 85% 的污水得到了收集和处置
桐庐县江南镇污水管网工程	该子项目将提升江南镇污水收集和处理系统，建设内容： 1）两个泵站，设计能力均为 6000 立方米 / 天； 2）长 4.1 公里的压力管； 3）长 13 公里的污水管道和雨水管道； 4）农村地区长 5 公里的道路，及配套雨、污管网	该子项目提升了江南镇污水收集和处理系统，建设内容： 1）两个泵站，设计能力均为 6000 立方米 / 天； 2）长 5.25 公里的污水管道和 4.25 公里的雨水管道； 3）农村地区长 2.1 公里的道路，及配套雨、污管网（估算长度）	1）以综合的方法为江南镇提供了污水和排水系统等基础设施； 2）将江南镇污水收集和处理的覆盖率从 0 提升到 85%； 3）使大约 25000 人从更好的基础设施中受益
龙游县城北区域给排水工程	该子项目将提升城北新区供水、排水系统、污水收集和处理系统，建设内容如下： 1）7.3 公里道路； 2）7.3 公里污水管道，7.3 公里雨水管道，7.3 公里净水输配管道，7.3 公里工业供水输配管道； 3）1.0 公里尾水排放管道； 4）1.4 公里输配水管道，1.4 公里污水管道，1.4 公里排放管道，均靠近农村地区。 非世行贷款部分将新建： 1）11.8 公里道路； 2）11.8 公里污水、雨水、净水输配和工业输配水管道	该子项目提升了城北新区供水、排水系统、污水收集和处理系统，建设内容如下： 1）12.4 公里道路； 2）11.2 公里污水管道，12.4 公里雨水管道，12.4 公里净水输配管道，12.4 公里工业供水输配管道； 3）1.0 公里尾水排放管道； 4）0.35 公里输配水管道，0.35 公里污水管道，0.35 公里排放管道，均靠近农村地区。	1）以综合的方法为龙游县城北新区提供了供水、排水系统、污水收集和处理系统等基础设施； 2）将城北新区污水收集和处理的覆盖率从 0 提升到了 91%； 3）提升了靠近农村地区的供水、排水系统、污水收集和处理系统等基础设施； 4）使大约 8000 人从更好的基础设施和水环境中受益

续表

子项目	评估时计划产出	实际完成产出	成果
子项目三：垃圾处理			
建德市垃圾填埋场梅城处理中心	建德市大洋镇、三都镇、杨村桥镇、下涯镇、洋溪街道等5个城镇的垃圾收集和卫生处置，建设内容如下： 1）一期库容为21万立方米（远期427万立方米）的梅城垃圾填埋场； 2）三级渗滤液处理厂1座； 3）关闭现有的位于梅城镇、杨村桥镇和下涯镇的3座开放式垃圾填埋场； 4）升级垃圾收集车辆	建德市大洋镇、三都镇、杨村桥镇、下涯镇、洋溪街道等5个城镇的垃圾收集和卫生处置，已建设完成内容如下： 1）一期库容为21万立方米（远期427万立方米）的梅城垃圾填埋场； 2）建设三级渗滤液处理厂1座； 3）关闭现有的位于梅城镇、杨村桥镇和下涯镇的3座开放式垃圾填埋场； 4）采用国内资金升级了6个垃圾回收车队	1）垃圾填埋场服务范围的垃圾收集和卫生处置率达到95%； 2）处理后的排放达到中国《生活垃圾填埋场污染控制标准》； 3）使219800人通过接受垃圾卫生处置服务受益； 4）关闭现有的位于梅城镇、杨村桥镇和下涯镇的3座露天垃圾填埋场； 5）定期监测关闭垃圾填埋场的地表水质量

作为2015年中期调整的一部分，子项目1、2、3中共有4个小的项目活动从原定的项目范围中取消，新增了2个项目活动。这些调整及其原因详见附表2.2。

附表2.2 项目范围调整和原因

调整	原因
1）子项目1：增加了子项目1–1诸暨市青山水厂及配套管网工程长46.8公里的输配管网	使用结余贷款，该调整增加了已实施完成的青山水厂的输配管网并加强了服务，提升了项目区域的自来水输配管网
2）子项目2：子项目2–2衢州市城东污水处理厂及配套管网工程和衢江区霞飞路以西建成区块污（雨）水管网改造工程增加了以下内容：新建2.3公里道路及相应管网，包括4.4公里雨水管网、2.3公里供水管网、2.9公里连接到污水处理厂的污水管网	使用结余贷款，增加的基础设施扩大了衢江区污水处理和雨、污管道的能力，服务范围增加了1.2平方公里，衢江区服务对象增加了2000个城市居民
3）子项目2：子项目2–5磐安县深泽环境综合治理项目，4.3公里磐缙公路道路拓宽及相应雨、污管网工程退出世行贷款	道路和配套管网退出世行贷款的原因是省级公路建设的延迟。该项目最终采用公路局的资金建设完成
4）子项目2：子项目2–6磐安县安文镇云山片区污水管网工程退出世行贷款	因为可使用国内资金，故该项目退出世行贷款。项目活动最终由非世行贷款建设完成

2　子项目4

子项目4包含3个咨询包。咨询包A为省项目办和实施单位在实施阶段提供项目管理和实施支持。咨询包B为浙江省小城镇环境基础设施改善和历史保护提供专题研究。咨询包C提供了培训和考察以加强机构能力。详细的成果和产出见附表2.3。

附表2.3　子项目4的产出和成果

合同包	评估时计划产出	实际产出	成果
咨询包A：项目实施和管理援助	提供技术援助和质量控制服务以支持项目基础设施建设和机构、财务可持续性： 1）审查项目设计和招标文件； 2）招标准备、评标及谈判； 3）监测合同实施和管理； 4）解决合同问题； 5）准备进度报告和借款人完工报告； 6）提供培训； 7）运维计划的编制和实施； 8）由独立机构监测环境管理计划和移民行动计划的实施	技术援助和质量控制，包括： 1）审查项目设计和招标文件； 2）招标准备、评标及谈判； 3）监测合同实施和管理； 4）解决合同问题； 5）准备进度报告和借款人完工报告； 6）提供培训； 7）运维计划的编制和实施； 8）由独立机构监测环境管理计划和移民行动计划的实施	1）提高了技术设计和采购的质量； 2）提高了实施机构项目管理和财务管理的能力； 3）通过培训供水、污水、固废子项目的运营者，提高项目下建设完成的资产的运营和维护； 4）支持运维计划、财务报告和财务预测，提高基础设施的财务可持续性； 5）监测项目进度和结果； 6）监测环境管理计划和移民行动计划的实施，没有有关环境问题、征地和移民问题的投诉

续表

合同包	评估时计划产出	实际产出	成果
咨询包B：浙江省小城镇环境基础设施总体规划	本合同包将帮助浙江省制定战略性总体规划，或进行其他世行同意的相关研究，为小城镇基础设施提供环境、机构、运行、财务可持续的服务	1）合同包委托浙江大学进行《浙江省历史文化街区、名镇、名村基础设施改善与历史建筑保护专题研究》。浙江省的许多水乡小镇具有历史和文化价值。本次专题研究为小城镇综合基础设施改善和历史保护提供了技术指导。 2）建议的项目战略性的总体规划启发浙江省进行了一系列的总体规划和研究，包括浙江省“五水共治”（治污水、防洪水、排涝水、保供水、抓节水）；省“十二五”规划下的小城镇基础设施改善；浙江省城市治理改革的研究；“十二五”期间浙江省小城镇发展的研究；浙江省小城镇发展政策的指导和研究；新时期小城镇规划的研究。这些总体规划和研究都由浙江省政府拨款实施完成	1）项目技术研究为浙江省小城镇基础设施改善与历史建筑保护提供了技术指导。这些研究启发了其他的省级规划，如“五水共治”和省“十二五”规划下的小城镇基础设施改善。 2）这些总体规划极大地支持了浙江省全省的小城镇水环境提升和可持续发展，这和最初合同包的建议完全相符。例如，“五水共治”总体规划指导了水环境质量提升的省级行动

续表

合同包	评估时计划产出	实际产出	成果
咨询包C：培训和考察	该合同包支持省项目办、地方项目办、实施机构在技术、运营、机构方面的能力建设，为小城镇可持续的基础设施建设提供服务，同时使得决策者借鉴国内和国外的最佳实践和经验	该合同包支持了： 1）关于小城镇环境基础设施规划、建设和运营维护的国外培训2次，总计33人参加（包括省、市、镇级的政府人员以及项目实施单位管理人员），考察地点为美国和瑞典。 2）关于项目管理、市政工程、环保管理、财务预测、世行信贷和安保程序的国内培训3次，参加人员总计90人次（包括项目实施单位的管理人员和工作人员以及运营维护公司），培训地点分别位于绍兴、宁波和磐安。 3）关于小城镇环境基础设施规划、市政基础设施、供水、污水和垃圾处理、历史小镇保护的国外考察4次，参加23人次（包括省、市、乡镇级别的政府人员以及项目实施单位管理人员），考察地点分别为巴西和秘鲁，俄罗斯、波兰和匈牙利，澳大利亚和新西兰，美国和加拿大。 4）关于供水、环境基础设施、公共健康的国内考察2次，参加26人次（包括省、市、镇级的政府人员以及项目实施单位管理人员），分别位于陕西和贵州	1）项目机构的办公人员、技术人员从国内和发达国家学习到了关于市政服务（供水、污水管理、垃圾管理）、小城镇发展和项目管理的丰富经验和最佳做法。 2）加强项目工作人员的技术能力，并拓宽了视野，有助于项目实施

3 本项目下建设的污水处理厂综述（附表 2.4）

附表 2.4 污水处理厂综述

处理能力		污水处理厂			
		建德[1]	游埠	尖山	衢江
设计能力（吨 / 天）		49000	5000	6000	20000
当前日平均流量（吨 / 天）		30617	3200	4400	16000
进水（毫克 / 升）	CODCr	188.83	120.00	85.40	120.60
	BOD_5	65.28	–	65.40	36.22
	NH_3–N	11.39	12.13	17.40	14.52
	SS	125.00	265.00	70.52	213.54
	TN	16.97	–	28.99	21.08
	TP	2.30	1.15	3.64	1.56
出水（毫克 / 升）	CODCr	24.48	40.00	24.40	22.55
	BOD_5	6.90	–	5.50	8.20
	NH_3–N	0.21	4.03	0.36	0.21
	SS	8.00	14.00	6.10	10.00
	TN	9.20	–	8.28	2.18
	TP	1.03	0.52	0.39	0.38

[1] 本项目下建德污水处理厂的污水处理能力从 30000 吨 / 天扩展到 49000 吨 / 天。

附件3　经济和财务分析

1　经济分析

项目评估时对供水、污水和垃圾子项目进行了经济分析。成本收益分析证明了实施供水和污水子项目的经济合理性，而采用最低成本法的成本效益分析则指导了垃圾子项目优先干预措施的选择。

（1）成本收益分析

对于供水子项目，对居民受益的评估基于支付意愿调查，而对于工业和第三产业消费者受益的评估则基于生产率变动法。最终分析结果表明，供水子项目的经济内部收益率为17%～20%。对于污水子项目，经济效益的评估基于水环境恶化和GDP相关联的利益转移法，在中国东部省份占GDP的1.5%。相对于城市污染物总量的污染物削减被用来估算地方GDP中获得的经济效益。分析结果表明，污水子项目的经济内部收益率为14%～28%。对于建德垃圾子项目，采用最低成本法进行了方案比选，并从低成本投入和更大的储存能力方面考虑后选择了相应方案。支付意愿调查结果显示，诸暨市可接受的水价为每吨1.89元，建德垃圾收费为每月每户3.18元。

在项目完成时，对供水和污水子项目进行了成本收益分析。成本收益分析采用了同样的方法来量化效益，即供水子项目的居民支付意愿和第三产业的生产率变动法，而污水子项目将GDP和水环境恶化相关联。项目完成后的效益计算是以当地生产量、国内生产总值和污染情况为基础，而不是省级的同类数字。项目成本包括项目实施和运营的实际成本。经济分析表明，项目的经济内部收益率基本按照预期，但由于成本变动、背景统计信息、生产量等存在微小差异。分析结果见附表3.1。

附表 3.1　评估时和完成时的经济收益率

供水子项目			经济内部收益率	
			评估	完成
1	诸暨	自来水处理和输配系统	20%	33%
2	婺城	自来水处理和输配系统	17%	50%
污水子项目			经济内部收益率	
			评估	完成
3	建德	污水处理系统	28%	30%
4	衢江	污水处理系统	24%	26%
5	游埠	污水处理系统	23%	23%
6	尖山	污水处理系统	24%	24%
7	深泽	污水处理系统	18%	20%
8	云山	污水处理系统	14%	NA
9	江南	污水处理系统	19%	20%
10	龙游	污水处理系统	25%	26%

（2）成本效率分析

在项目评估时，对建德垃圾子项目进行了成本效率分析，针对垃圾填埋场的选址和处理技术进行了两种方案比选。选择建设垃圾填埋场而不是垃圾焚烧场，主要原因是填埋场的运维成本明显低于焚烧场。垃圾填埋场选址青山主要基于此地垃圾处置的单位成本（固定投资和运维成本）较低。最低成本分析的主要假设是固定投资和运维成本。

在项目完成时，将成本效率法预测的固定投资和运维成本与实际支出进行了对比（附表3.2）。对比结果显示，在固定投资减少的同时，运营维护成本显著增加。两种方案的运维成本基本一致，项目选择青山而非裘家坞的结论仍然是合理的。

附表 3.2　成本效率分析下的成本比较　（单位：百万元）

青山垃圾填埋场	评估时估算	完成时实际
固定投资	138.18	0
运维成本	3.05	4.58

项目完工后的经济分析显示，评估时的成本假设依然合理，项目分析结果仍然适用。

2 财务分析

在项目评估时进行了财务分析，以确定项目资产管理的财务可持续性。

（1）供水

项目评估时的财务分析显示，项目实施单位以及最终的借款人，即诸暨市水务集团和莘畈水库管理处都有很强的财务能力来实施和运营该供水子项目。财务预测显示，实施公司将积极地实施项目并维持其债务偿还能力。财务内部收益率显示供水子项目的投资和收益是成正比的。为持续监测项目实施期间供水公司的偿债能力，转贷协议明确规定以年度为基础将财务成本回收率上报世行。

本项目运营方按照项目协议的要求上报了财务业绩和财务预测。尤其是诸暨市水务集团严格遵照项目协议的财务约定，证明了其转贷贷款的偿还能力。在子项目实施和运营过程中，该公司保持盈利，公司的财务状况仍然良好。莘畈水库管理处的机构设置在项目实施过程中进行了调整，项目资产运营由金西自来水厂负责，该公司由管理处部分控股。项目评估文件对此项调整进行了详细说明。莘畈水库管理处全权负责原水供应业务的运营。金西自来水厂负责婺城区大部分地区供水服务的运营。

在项目实施时，根据水费覆盖运维成本的假定，选定项目水务公司进行财务预测以证明资产运营的财务可持续性。对于诸暨水务集团，其实际财务结果和预测显示，该公司将保持盈利并有能力偿还债务。财务预测详见附表3.3和附表3.4。

附表3.3 诸暨水务集团财务业绩和预测

财务分析项目	实际结果				预测	
	2013	2014	2015	2016	2017	2018
售水						
总售水量（立方米）	71570	71240	70050	71801	73596	75436

续表

财务分析项目	实际结果				预测	
	2013	2014	2015	2016	2017	2018
平均水费（元/立方米）	2.04	2.34	2.34	2.34	2.34	2.34
收入（万元）						
水费收入	14566.5	16689.7	16419.5	16830.0	17250.8	17682.0
其他收入	832.0	1586.0	2100.0	1800.0	1880.0	1880.0
营业税	−170.0	−202.0	−252.0	−260.0	−275.0	−275.0
总收入	15228.5	18073.7	18267.5	18370.0	18855.8	19287.0
支出（万元）						
电费支出	−427.0	−442.0	−380.0	−420.0	−438.0	−438.0
化学药品支出	−170.1	−154.0	−147.0	−150.0	−153.1	−153.1
水资源费	−2336.9	−2393.0	−2322.6	−2361.0	−2410.6	−2410.6
人工成本	−1662.5	−1687.0	−1760.0	−1800.0	−1900.0	−1900.0
维修成本	−919.0	−924.0	−950.0	−990.0	−1010.0	−1010.0
总运行成本	−5515.4	−5600.0	−5559.6	−5721.0	−5911.8	−5911.8
其他成本	−1556.0	−2240.0	−2240.0	−2200.0	−2240.0	−2240.0
财务利润（万元）						
摊销前利润	8157.0	10233.7	10467.9	10449.0	10704.0	11135.3
折旧	−4195.0	−4454.0	−4675.0	−4831.0	−4926.0	−4926.0
息税前利润	3962.0	5779.7	5792.9	5618.0	5778.0	6209.3
财务支出	−3958.0	−3797.0	−3995.0	−4428.0	−4486.0	−4486.0
税前利润	4.0	1982.7	1797.9	1190.0	1292.0	1723.3
其他财务（万元）						
运营的固定资产	91927.0	92207.0	93500.0	96620.0	98520.0	98520.0
总还本付息	−3958.0	−3797.0	−3995.0	−4848.0	−4934.0	−4934.0
成本回收指标	101%	114%	112%	108%	109%	111%

附表 3.4　婺城供水项目的财务业绩和预测

财务分析项目	实际结果				预测	
	2013	2014	2015	2016	2017	2018
售水						
总售水量（立方米）	7154	8421	9165	11494	11583	11713
平均水费（元 / 立方米）	1.58	1.58	1.60	1.58	1.60	1.59
收入（万元）						
水费收入	1129.1	1327.3	1462.0	1813.0	1849.5	1865.9
其他收入	263.7	105.1	200.5	279.0	103.0	103.0
营业税	−67.7	−39.0	−30.7	−39.7	−55.5	−56.0
总收入	1325.0	1393.4	1631.7	2052.3	1897.0	1913.0
支出（万元）						
电费支出	−13.2	−13.2	−13.6	−17.5	−17.5	−18.5
化学药品支出	−15.4	−18.8	−20.5	−27.8	−27.8	−29.0
水资源费	−160.2	−188.4	−216.0	−242.4	−242.4	−259.5
人工成本	−268.4	−314.4	−324.9	−350.5	−350.5	−314.5
维修成本	−46.7	−67.0	−44.2	−120.6	−120.6	−120.5
总成本	−503.9	−601.8	−619.2	−758.8	−758.8	−741.9
其他成本	−375.9	−233.7	−260.1	−369.6	−369.6	−217.6
财务利润（万元）						
摊销前利润	445.3	557.9	752.4	923.8	942.1	959.0
折旧	−400.0	−408.7	−417.3	−425.0	−425.8	−409.4
息税前利润	45.2	149.2	335.2	498.9	516.3	549.6
财务支出	−4.3	−140.7	−334.4	−482.4	−101.0	−101.0
税前利润	40.9	8.5	0.7	16.5	415.3	448.6
其他财务（万元）						
运营的固定资产	10949.1	10984.5	11053.1	11074.1	10648.3	10238.9
总还本付息	−4.3	−140.7	−334.4	−685.0	−277.0	−277.0
成本回收指标	103%	101%	100%	101%	128%	131%

（2）污水和垃圾

对于污水和垃圾子项目，预测显示其用户费仅能覆盖资产运维成本的一小部分。在项目评估时针对污水处理厂和垃圾填埋场的运维成本回收确定了绩效目标。项目还进行了财务预测，以支持做出成本收回水平的决定。

之后，衢江区、尖山镇、游埠镇均签约专业管理公司运营污水处理厂。建德污水处理厂纳入建德市水务集团，将供水和污水处理服务相结合。为了解成本回收的情况，在项目实施时采用简化的格式以年度为基础对每个子项目进行了财务预测。

在项目完成时，额外增加了一年进行成本回收水平的财务预测。财务分析显示，所有的子项目会在项目实施后的几年内达到项目目标值，详见附表3.5—3.8。对于游埠镇，用户费覆盖运维成本的比例将达到目标值的72%，详见附表3.5。目前，游埠镇不向居民征收污水处理费，但将从2018年开始收取污水费。对于建德市，成本回收的比例超过目标值100%。成本回收比例和污水处理厂的运营维护相关，运维成本仅占污水处理服务总成本的一部分。任何增加的污水收费将有助于提升污水服务的财务可持续性。

附表3.5　游埠污水处理厂运营的财务业绩

财务分析项目	实际结果	预测	
	2016	2017	2018
收入指标			
污水处理量（立方米／年）	1369000	1460000	1557000
平均污水费（元／立方米）	0.74	0.81	0.89
用户收费（元／年）	1019000	1186000	1382000
成本指标			
污水处理厂运营公司的单位成本（元／立方米）	1.23	1.23	1.23
污水处理运营成本（元／年）	−1686000	−1796000	−1916000
成本覆盖指标			
用户费覆盖运维成本比例	61%	66%	72%

附表 3.6　衢江污水处理厂运营的财务业绩

财务分析项目	实际结果		预测	
	2015	2016	2017	2018
收入指标				
污水处理量（立方米 / 年）	5250000	7050000	7580000	8175000
平均污水费（元 / 立方米）	0.79	0.98	1.09	1.09
用户收费（元 / 年）	4080000	6875000	8248000	8914000
成本指标				
污水处理厂运营公司的单位成本（元 / 立方米）	0.893	0.893	0.893	0.893
污水处理运营成本（元 / 年）	−5188000	−6896000	−7769000	−8300000
成本覆盖指标				
用户费覆盖运维成本比例	79%	100%	106%	107%

附表 3.7　尖山污水处理厂运营的财务业绩

财务分析项目	实际结果		预测	
	2015	2016	2017	2018
收入指标				
污水处理量（立方米 / 年）	1345000	1457000	1603000	1603000
平均污水费（元 / 立方米）	0.93	0.94	0.94	0.94
用户费（元 / 年）	1563000	1713000	1884000	2072000
成本指标				
污水处理厂运营公司的单位成本（元 / 立方米）	600	600	600	600
污水处理运营费用（元 / 年）	−1486000	−1703000	−1733000	−1733000
成本覆盖指标				
用户费覆盖运维成本比例	105%	101%	109%	120%

附表 3.8 建德污水处理厂运营的财务业绩

财务分析项目	实际结果		预测	
	2015	2016	2017	2018
收入指标				
污水处理量（立方米 / 年）	10350000	11500000	11500000	11500000
平均污水费（元 / 立方米）	0.88	0.88	0.88	0.88
用户费（元 / 年）	13374000	13435000	13435000	13435000
成本指标				
污水处理厂运营公司的单位成本（元 / 立方米）	—	—	—	—
污水处理运营费用（元 / 年）	−9184	−9632	−9632	−9632
成本覆盖指标				
用户费覆盖运维成本比例	146%	139%	139%	139%

建德垃圾处理运营的财务绩效详见附表3.9。项目评估时,预期的垃圾处理服务提供的成本覆盖率较低，且大大低于污水处理服务项目。目标是回收建德两个垃圾填埋场运维成本的一部分。

附表 3.9 建德垃圾填埋场运营的财务绩效 （单位：万元）

财务分析项目	实际结果				预测	
	2013	2014	2015	2016	2017	2018
垃圾费						
居民垃圾费	152.6	161.0	161.9	165.1	165.1	165.1
商业垃圾费	0	180.0	220.0	220.0	220.0	220.0
建筑垃圾运输费	0	24.0	32.0	32.0	32.0	32.0
垃圾填埋费	62.1	67.0	92.0	92.0	92.0	92.0
总垃圾处理费	214.7	432.0	505.9	509.1	509.1	509.1
垃圾收集和运输成本						
垃圾清扫	−280.0	−297.0	−256.0	−270.0	−270.0	−270.0
垃圾收集	−387.4	−394.6	−353.0	−359.0	−359.0	−359.0
垃圾运输	−30.0	−116.9	−100.0	−120.0	−120.0	−120.0
总垃圾收集费	−697.4	−808.5	−709.0	−749.0	−749.0	−749.0

续表

财务分析项目	实际结果				预测	
	2013	2014	2015	2016	2017	2018
垃圾填埋成本						
寿昌填埋场运营	−476.1	−712.5	−590.0	−510.5	−531.0	−531.0
梅城填埋场运营	−107.0	−337.8	−430.5	−405.9	−417.4	−417.4
人工成本	−24.7	−61.5	−69.6	−80.0	−90.0	−90.0
燃料成本	−15.9	−16.5	−11.4	−15.0	−17.0	−17.0
电力成本	−0.8	−9.6	−3.4	−3.5	−4.0	−4.0
化学药品成本	−8.1	−6.7	−7.5	−8.5	−10.0	−10.0
维修成本	−4.5	−10.3	−10.0	−15.0	−17.0	−17.0
其他直接成本	−16.5	−13.8	−45.7	−60.0	−64.0	−64.0
杂费	−36.5	−17.9	−13.8	−16.0	−18.0	−18.0
渗滤液处理	–	−201.6	−269.0	−207.9	−197.4	−197.4
填埋场总成本	−583.2	−1050.4	−1020.5	−916.4	−948.4	−948.4
总垃圾处理费	214.7	432.0	505.9	509.1	509.1	509.1
总运营成本	−1280.6	−1858.9	−1729.5	−1665.4	−1697.4	−1697.4
收费覆盖运维比例	17%	23%	29%	31%	30%	30%

已实施的基础服务财务绩效摘要详见附表3.10。

附表3.10　2016年项目县市镇基础服务绩效

项目	处理量（立方米／天）	价格（元／立方米）	成本回收费（元／立方米）	成本回收比例
供水	**售水量**	**水价**[1]	**全成本**	
诸暨	196700	2.34	2.18	108%
婺城	31500	1.58	1.56	101%
污水处理[4]	**污水处理量**	**污水费**[2]	**运维成本**	
建德	31500	1.17	0.84	139%
衢江	19300	0.98	0.98	100%
游埠	3750	0.74	1.23	61%

续表

项目	处理量（立方米／天）	价格（元／立方米）	成本回收费（元／立方米）	成本回收比例
尖山	3990	1.18	1.17	101%
垃圾收集和处理	垃圾处理量	垃圾费[3]	运维成本	
建德	472	30	97	31%

注：1. 按水量收取的费用。
2. 按处理污水量收取的费用。
3. 按处理垃圾量收取的费用。
4. 仅污水处理——不包括污水收集管网。

3 支付能力分析

在项目评估时进行了支付能力分析，以确定未来的水价和污水费对居民来说是能负担的，尤其是对城市低收入居民。贫困项目镇的支付能力比较低。在项目完成时，对游埠镇进行了支付能力分析。该分析显示居民的收入增加了，与项目评估时的分析结果一致，居民的水费和污水处理费占总收入的4%（水费和污水处理费的收费基准是5%）。分析结果见附表3.11。

附表3.11 城市低收入居民的支付能力

财务分析项目	2016	2017	2018
水费（元／立方米）	1.4	1.4	1.4
污水费（元／立方米）	1.2	1.2	1.2
总费用（元／立方米）	2.6	2.6	2.6
耗水量（升）	100	100	100
水费（元／年）	204	204	204
污水费（元／年）	175	175	175
总支付费用（元／年）	379	379	379
低收入居民人均收入（元）	19131	20087	21092
水费占收入比例	1.07%	1.02%	0.97%
污水费占收入比例	0.92%	0.87%	0.83%
总费用占低收入比例	1.98%	1.89%	1.80%
收入年增长率	5%		

4 财政分析

项目评估时进行的财政分析是为了审查项目对政府预算的预期影响。分析结果显示，世行贷款的债务处于易于管理的水平，大多数项目镇贷款债务低于财政预算的1%，2个镇低于财政预算的2%。在过去的2013—2015年，浙江省的财政收入以每年8%～10%的速度递增。项目评估时的财政影响是以年5%的财政收入增长率为基础来计算的，世行贷款的债务仍然处于可管理的水平。

附件4 世行贷款和实施支持/监督过程

世行团队成员职员时间和成本预算见附表4.1—4.2。

附表4.1 世行团队成员

名字	职位	单位	职责/专业
贷款			
Axel Baeumler 白爱民	高级市政经济专家	EASIN	项目经理
纪　峰	环境专家	EASCS	环境专家
姚松龄	社会专家	EASCS	社会专家
闫光明	市政工程师	EASCS	市政工程
Eddie Hum 方奕翔	高级市政工程师/咨询专家	EASIN	市政工程
Knud Lauritzen 克努德	高级财务分析师/咨询专家	EASIN	财务分析
谢　剑	高级环境专家	EASER	环境专家
陈熳莎	城市专家	EASER	城市专家
张喜民	水资源专家	EASCS	水资源专家
郭小薇	高级采购专家	EAPPR	采购专家
张　芳	财务管理专家	EAPFM	财务管理专家
Marta Molares	首席法律顾问	LEGES	法律顾问
Vellet Fernandes	项目助理	EASIN	项目助理
Xuemei Guo	项目助理	EACCF	项目助理

续表

名字	职位	单位	职责 / 专业
Jennifer Sara	部门经理	LCSSD	审查人员
Ming Zhang	部门经理	LCSUW	审查人员
Param Iyer	高级水资源和卫生专家	MNSWA	审查人员
监督 /ICR			
闫光明	高级城市发展专家	GSU08	项目经理
余国平	高级采购专家	GGO08	采购专家
郭小薇	高级采购专家	GGO08	采购专家
方奕翔	高级市政工程师 / 咨询专家	GSU08	市政工程
克努德	高级财务分析师 / 咨询专家	GSU08	财务分析
张　芳	财务管理专家	GSU08	财务管理专家
纪　峰	环境专家	GEN2A	安保专家
姚松龄	高级社会发展专家	GSU02	安保专家
张喜民	高级大坝专家	GWAGP	团队成员
贾　铮	城市分析专家	GSU08	ICR 作者
吴　晶	项目助理	EACCF	团队成员

附表 4.2 职员时间和成本

项目阶段	职员时间和成本（仅世行预算）	
	工作周数	千美元 （包括行程和咨询成本）
贷款		
财政年度 2009	4.67	21.19
财政年度 2010	42.60	255.52
财政年度 2011	16.04	79.51
总计	63.31	356.23
咨询 /ICR		
财政年度 2011	7.32	32.20
财政年度 2012	20.60	71.70

续表

项目阶段	职员时间和成本（仅世行预算）	
	工作周数	千美元（包括行程和咨询成本）
财政年度 2013	10.62	51.05
财政年度 2014	10.59	55.65
财政年度 2015	16.87	62.07
财政年度 2016	15.08	61.13
财政年度 2017	18.02	63.39
总计	99.10	397.19

附件 5 受益人调查结果

不适用。

附件 6 利益相关者研讨会报告和结果

不适用。

附件 7 借款人完工摘要 / 对完工报告草稿的意见

1 项目背景、目标和设计

1.1 项目背景

钱塘江是浙江人民的“母亲河”，也是全省8个主要水系之一。因钱塘江为80%的杭州市民和流域内绝大多数市、县提供饮用水源，环境污染已对大量农村和城市人口的生活和饮用水安全产生严重威胁。浙江省政府充分认识到这些挑战，出台了旨在改善城市环境基础设施服务的相关规定，总目标是在2020年前实现钱塘江水质100%达到规定的要求。

1.2 项目目标和关键指标

1.2.1 原定的项目目标与关键指标

（1）项目发展目标

协助浙江省一批位于钱塘江流域的市、区、县进行可持续的城市环境基础设施改善。

（2）项目关键指标

项目成果框架中详细列出的各项指标将对项目发展目标的实现情况进行度量，包括：接受饮用自来水供给服务的人数；化学需氧量、总氮、总磷的减少量(吨/年)；接受垃圾卫生收集处置服务的人数；协议的运营维护行动方案执行的数量；引入污水处理收费的项目区域或城市数量。

1.2.2 原定项目的具体目标

（1）诸暨供水项目目标

向安华、王家井镇区以及西南地区农村地区供水，改善农村饮水条件，供水普及率95%。

（2）金华婺城供水项目目标

向广大金西地区提供可靠安全饮用水，供水普及率提高到95%。

（3）建德污水项目目标

污水收集率提高到85%。

（4）衢江污水项目目标

①污水的收集率达到80%。②建设雨水收集管网，使衢江区的雨水和污水能够实现雨污分流。③建设相应规模污水处理厂，满足近期污水处理规模的要求。

（5）兰溪游埠污水项目目标

1）水污染治理：①污水收集率提高到70%。②新建游埠污水处理厂，使污水处理厂规模满足近期要求。

2）古镇保护：①对古街区实施修复保护；②对古溪进行整治，建设沿河景观；③改善新城区人居环境。

（6）磐安尖山污水项目目标

①实现污水收集率65%。②建设相应规模的污水处理厂。

（7）磐安深泽环境项目目标

达到30%的污水收集率。

（8）磐安云山污水项目目标

达到75%的污水收集率。

（9）桐庐江南污水项目目标

近期江南镇污水收集率达到75%。

（10）龙游城北给排水项目目标

实现园区内部及周边村庄连接道路、供水、污水、雨水管网一体化。园区及周边村庄供水率、污水收集率达到85%。

（11）建德垃圾项目目标

服务范围乡镇生活垃圾收集率达到90%，无害化处理率达到100%。

1.2.3　修改后的项目目标

项目发展目标没有修订。

1.2.4　修订后的关键绩效指标

项目主要的关键绩效指标没有修订，除了部分项目结束时制定了标准来衡量项目实际进度和情况。

1.2.5　主要受益者

各地提供的资料显示，钱塘江项目受益人口达到1004800人，详见附表7.1。

附表7.1　项目主要受益者汇总

序号	项目名称	受益人口（千人）
1	诸暨供水项目	247
2	金华婺城供水项目	150
3	衢江污水项目	60
4	建德污水项目	220
5	兰溪游埠污水项目	25
6	磐安尖山污水项目	35

续表

序号	项目名称	受益人口（千人）
7	磐安深泽环境项目	15
8	磐安云山污水项目	17
9	桐庐江南污水项目	25
10	龙游城北给排水项目	8
11	建德垃圾项目	220
合计		1005

1.3 项目内容

1.3.1 评估时的项目内容

● 子项目1：自来水供给分配（总投资3564万美元，其中世界银行贷款1899万美元）。

● 子项目2：污水收集处理（总投资1.5803亿美元，其中世界银行贷款6805万美元）。

● 子项目3：垃圾管理(总投资2032万美元，其中世界银行贷款1096万美元)。

● 子项目4：机构加强与培训（IST）(总金额200万美元，全部由世界银行贷款)。

1.3.2 调整的项目内容

增加内容：①诸暨供水项目合同WSZJ3C、WSZJ4C和WSZJ5C；②衢江污水项目合同WWQJ7C、WWQJ8C；③提高部分子项目的世行贷款支付比例，将建德、江南、游埠子项目的世行贷款支付比例提高到100%；④建德污水洋安泵站设备合同和人工湿地项目；⑤衢江污水项目WWQJ2S、WWQJ3S。

取消内容：①建德垃圾项目SWMC1G合同包；②桐庐江南污水项目WWJN3C合同包；③磐安深泽环境项目WWSZ3C合同包；④磐安深泽环境项目WWSZ1C合同包；⑤建德污水项目中更楼和新安江街道污水管网（WWJD2C）调整为主城区至城东污水处理厂主干管二期工程。⑥磐安云山污水项目实施单位申请退出本项目。

1.3.3 项目调整原因

①项目设计修订；②项目实施时移民安置难度大；③因有其他国内资金，而

放弃使用世行贷款。

2 影响项目实施与成果的关键因素

2.1 项目启动时准备、设计和质量

2.1.1 项目设计

项目的设计是在有经验的任务团队的指导和评估下进行的，在关键阶段，项目同时得到了经济和财务专家的仔细审查。

2.1.2 风险评估

项目的风险被适当地评为“适中”，其中4个风险等级为“适中”，2个风险等级为“显著”，详见附表7.2。

附表 7.2 风险与风险缓解措施综述

风险	风险缓解措施	缓解后的风险等级
针对项目发展目标		
本项目由多个子项目组成，有些子项目退出，造成项目结果和（或）贷款余额的变化	● 子项目的数量被限制在11个； ● 如果出现贷款余额，将在项目中期调整时增加支持项目发展目标的投资	显著
针对子项目成果／结果		
小城镇的能力弱可能影响项目的成功实施	● 通过机构加强和培训子项目，确保每个参与市、县能获得强有力的项目实施支持； ● 让有经验的基础设施运营方参与项目，优化运营安排	显著
在低收费和高成本投入的情况下，很难实现环境基础设施的财务可持续性	● 随时间对收费价格进行逐步调整，可实现全成本回收； ● 采用平衡战略，从上级政府获得财政支持，优化债务分配	适中
财政实力较弱的市、县缺乏配套资金，可能减慢项目实施进度	● 上级政府对配套资金提供支持； ● 项目鉴别阶段排除财力较弱的项目城市	适中
未与污水管网连接、正常运营污水设施的技术风险	● 仔细审查技术设计和标准，以及管网的连接；避免污水处理设施的过大设计	适中
因为项目城市都是第一次参与世行项目，满足世行的采购和财务管理要求将会是挑战	● 完善的财务管理和采购评估； ● 在培训和能力建设中给予特殊重视，帮助项目城市满足所有的财务管理和采购要求	适中
总风险评级		适中

2.2 对影响项目实施与成果的关键因素的分析

2.2.1 影响项目实施的关键因素

影响项目实施的关键因素对于供水、污水与垃圾项目基本相同，归纳为以下几点：①制度保障；②完善的设计；③资金因素；④政策环境；⑤实施机构。

2.2.2 影响项目成果的关键因素

影响项目成果的关键因素对于供水、污水与垃圾项目还是有所区别的，因此分别叙述如下：

（1）供水项目：①水源地环境因素；②大坝安全因素。

（2）污水项目：①污水管网监管；②建立规范化污水收费制度。

（3）垃圾项目：确保渗滤液达标排放，并定期进行检测。

2.3 设计、实施和使用的监测和评估

2.3.1 项目设计

原设计的监测和评估框架合理。

2.3.2 项目实施

在项目实施期间可靠的监测和持续的评估信息使世行团队可以对项目绩效和潜在的可持续性进行评估。

2.3.3 信息的使用

获得的信息被当地政府作为对未来环境基础设施建设的依据。

2.4 安全保障政策和信贷的符合性评估

2.4.1 社会安全保障

移民评价报告表明移民工作顺利完成，且受项目影响的人的生活得到了改善。世行运行手册OP4.12适用于本项目。有关少数民族的OP4.10不适用。

2.4.2 环境安全保障

这个项目被设定为A类项目。按世行和中国国家政策法规编制了一份环境评价报告（EA）和一个环境管理计划（EMP）并做了公示。根据世行政策OP4.01，项目严格遵守了世行政策且管理良好。

2.4.3　文化遗产安全保障

该项目引发的文化遗产保障政策（OPN11.03）。项目设计达到OPN11.03的要求和符合物质文化资源政策（OP4.11）的精神。

2.4.4　大坝安全

世行大坝专家确认了两个大坝均运行安全，并备有可接受的运营维护和应急处理方案，确保其满足世行运营手册OP4.37的要求。

2.4.5　采购

采购是按照世行采购指南进行的，表现总体上令人满意。

2.4.6　财务管理

在整个项目实施过程中财务管理的实施是令人满意的。

2.5　后续运行/下一步

建议理顺污水处理收费管理体制，合理确定收费标准，实现污水处理厂运维成本的全覆盖，尽快改变污水治理主要依靠财政补助的状况。

3　项目成果的评估

3.1　目标、设计和实施的关联度评价

等级：满意。

项目目标和内容设计完全符合当前国家、行业和所在区域的发展战略和政策重点，项目提供的产品和服务能够部分解决所在区域经济社会发展中在供水、污水和垃圾处理方面的实际问题和需求。

3.2　项目目标的实现

等级：非常满意。

理由如下：

①提升了城乡供水安全保障水平。诸暨、金华两个项目供水水质有了大幅度的提升，完全达到了《生活饮用水卫生标准》（GB 5749—2006）要求。诸暨供水项目获2012年度诸暨市“珍珠杯”优质工程奖、绍兴市“兰花杯”优质市政公用工程奖。金华供水项目获得“2012年度金华地区重点建设项目一等奖”。

②提高了污水、垃圾处理能力，达到了污染物减排目标。建德垃圾项目实施使建德市城乡垃圾收集和处置率达到95%。该项目于2016年1月20日获得了中国市政协会颁发的全国市政金杯工程奖。

③加强政府和社会资本合作模式与建立规范化污水收费制度。通过世行、国际咨询专家和业主的共同合作，项目单位利用财务预测工具极大地推动了项目所在地镇级污水处理收费政策的实施。

④为钱塘江流域水环境综合治理提供了示范。本项目的实施在有效改善钱塘江流域小城镇基础设施的同时，也为项目城市的管理者提供了获得更宽广的视野、更多的国际经验和教训的极佳机会，为推进钱塘江流域乃至浙江省的环境综合治理提供了示范。

⑤项目结果是富有成效的，详见附表7.3。

附表 7.3 项目目标实现汇总表

成果指标	单位	基线	目标值	实际值
		2009	2016	2016
供水： 使用本项目、享受经过改善的水源的城区人口数 项目所支持的供水设施的数量	人数 数量	60000 0	360418 2	397000 2
污水：				
本项目要实现的化学需氧量的削减量	吨／年	0	3,907	3,974
本项目要实现的总氮削减量	吨／年	0	141	182
本项目要实现的总磷削减量	吨／年	0	30	42
垃圾：				
接受本项目项下垃圾收集处置服务的人数	人数	0	202500	219800
机构：同意实施的运营维护行动方案数	数量	0	6	6
财务：引入收费的项目区域数	数量	7	10	10
家庭接入饮用水的比例				
a. 诸暨市	%	30	95	95
b. 婺城区	%	0	95	100
水价实现全成本回收的比例				
a. 诸暨市	%	80	100	108

续表

成果指标	单位	基线	目标值	实际值
		2009	2016	2016
b. 婺城区	%	0	100	101
污水收集和处理率				
a. 建德市	%	0	85	97
b. 衢江区	%	0	80	93
c. 兰溪游埠镇	%	0	70	78
d. 磐安尖山镇	%	0	65	77
e. 磐安深泽区	%	0	30	60
f. 磐安云山区	%	0	75	85
g. 桐庐江南镇	%	0	75	85
h. 龙游县	%	0	85	
污水费实现运营维护成本回收的比例				
a. 建德市	%	0	100	139
b. 衢江区	%	0	90	100
c. 兰溪游埠镇	%	0	70	61
d. 磐安尖山镇	%	0	70	101
建德封闭露天垃圾场的累计数	数量	0	3	3
建德垃圾收集和卫生处置的比例	%	0	90	95
建德垃圾用户服务费实现运营维护成本回收的比例	%	0	20	31

3.3 效率等级：满意

该项目能产生正面的环境效益，并对浙江省的加大环境基础设施服务和改善钱塘江水质战略做出了贡献。

3.4 总体成果的等级和理由

等级：高度满意。

总体结果等级被评为高度满意。理由：通过实施已经达到项目目标，经济效益已经实现，财务可持续性已实质性地实现。

3.5 主题、其他成果和影响

（1）贫困影响、性别方面和社会发展

这个项目没有一个明确的减贫、性别方面或社会发展的主题。但是它却为项目地乡镇更广泛的人口改善生活环境，包括妇女和贫困人口受益于更好的卫生服务，从而获得进一步提高收入的机会。

（2）机构改革 / 加强

项目加强了机构能力。项目作为机构改革的催化剂，通过建立财务自治的公用事业公司能更有效率和效能地管理和运营他们所有的资产。

3.6 受益者调查和利益相关者座谈会的发现综述

不适用。

4 项目成果发展风险评估

等级：适中。

①污水配套管网建设滞后，可能导致进水水质浓度偏低。

②上游污染控制不到位，可能影响供水子项目的水质。

③由于污水、垃圾收费标准偏低，不利于项目的可持续发展。

5 借款人在项目准备和实施中的绩效评价

5.1 政府绩效评价

（1）政府的表现

等级：非常满意。

中央和地方各级政府承诺为项目准备和实施阶段提供强大的动力。不论是世行贷款，还是配套资金均及时到位，而且积极协调项目准备和实施。

（2）实施机构的表现

等级：满意。

实施机构在完成详细设计、设计审核、采购管理、施工质量控制、保障措施等方面都是令人满意的。大多数原定的子项目在关账日之前已完成。项目成果和产出指标的监控和报告质量高。

5.2 借款人总体绩效评价

等级：满意。

6 世行在项目准备和实施中的绩效评价

6.1 在前期保证质量的绩效评价

等级：非常满意。

世行非常谨慎，花了近一年的时间来确保项目设计优先解决持续增长的项目城市的优先发展需要。

6.2 监督质量的绩效评价

等级：非常满意。

世行的任务组长与所有有关各方（省项目办、地方项目办和项目实施单位、设计院、招标代理）保持了很好的工作关系。世行采取了迅速而富有战略性的决策以实现项目发展目标，保持了项目的重点，克服了土地征用和移民、工艺变更和项目调整的困难。

6.3 世行总体绩效评价

等级：非常满意。

世行的总体表现被评为非常满意，这是基于项目的准备、项目质量监督等方面而取得的圆满成果。

7 项目获得的经验教训

①为实现城乡基础设施服务均等化进行了积极探索；②由单个环境项目建设转变为流域综合环境治理的创新；③引进了世行先进的管理模式和理念；④政府部门强有力的支持是项目成功的关键要素；⑤为城乡污水处理厂营运模式的改变进行了有益的探索；⑥有针对性的技术援助在项目推进中发挥了一定作用。

8 总结

本项目的实施在有效改善钱塘江流域小城镇基础设施的同时，也为项目城市的管理者提供了获得更宽广的视野、更多的国际经验和教训的极佳机会，为钱塘江流域乃至浙江省小城镇环境综合治理发挥了引领与示范作用。

附件 8 联合融资方和其他合作者 / 利益相关者的建议

不适用。

附件 9 征地和移民安置

本项目触发世行征地和移民安置政策。征地和移民涉及本项目供水、污水、垃圾子项目下4个地级市的8个县（市、区）。

杭州、绍兴、金华和衢州4个市都发生了征地和移民。实际征地影响包括永久性征地99公顷，临时性占地96公顷，及房屋拆迁26606平方米。尽管相较移民行动计划，杭州、绍兴和金华的永久性征地面积有所减少，衢州的永久性征地面积有所增加，但总的永久性征地面积和移民行动计划基本一致。总的临时性占地面积较移民行动计划提高了17%，主要原因是中期调整时增加了诸暨的管道安装。总的房屋拆迁面积比最初的移民行动计划低了47%，主要原因是杭州市桐庐县修改了市政设计以减少房屋拆迁，金华磐安县的土建工程退出世行项目。

征地和移民的总影响人口是4839人，相比移民行动计划少了14%。最终的移民安置成本为2088万美元（人民币1.42亿元），比移民行动计划的预算低了约15.5%。详细的征地和移民情况见附表9.1—9.2。

附表 9.1 项目移民和征地影响汇总

项目地点	子项目地点	永久占地				房屋拆迁				临时占地			
		计划		实际		计划		实际		计划		实际	
		户数*	人数**	户数	人数	户数	人数	户数	人数	户数	人数	户数	人数
杭州	建德	59	237	44	132	31	122	14	46	0	0	0	0
	桐庐	84	296	75	225	67	235	0	0	0	0	0	0
	梅城	42	148	62	220	47	166	35	145	26	92	26	92
	小计	185	681	181	577	145	523	49	191	26	92	26	92
绍兴	诸暨	39	159	39	159	0	0	0	0	128	355	128	355
金华	婺城	0	0	0	0	0	0	0	0	418	1672	420	1684
	游埠	25	90	25	90	0	0	0	0	56	201	56	201
	尖山	52	177	57	171	0	0	0	0	0	0	0	0
	深泽	192	548	57	150	19	56	3	9	71	185	71	185
	云山	0	0	0	0	0	0	0	0	0	0	0	0
	小计	269	815	139	411	19	56	3	9	545	2058	547	2070
衢州	衢江	58	219	94	374	21	85	1	5	2	8	2	8
	龙游	60	210	60	210	18	66	20	76	86	302	86	302
	小计	118	429	154	584	39	151	21	81	88	310	88	310
合计		611	2084	513	1731	203	730	73	281	787	2815	789	2827

户数*：影响的户数。人数**：影响的人数。

附表 9.2 征地和移民面积及成本

项目地点	子项目地点	永久征地(公顷)		房屋拆迁(平方米)		临时占地(公顷)		总体土地征用和移民补偿(百万元)	
		计划	实际	计划	实际	计划	实际	计划	实际
杭州	建德	3.68	4.6	8360.5	5209.27	0.7	0	1649.23	2263.6
	桐庐	12.26	6	20036	0	6.12	0	2981.95	370.17
	梅城	17.33	19.33	13395	13395	0.94	0.94	2666.16	4043
	小计	33.27	29.93	41791.5	18604.27	7.76	0.94	7297.34	6676.77
绍兴	诸暨	1.88	0.88	0	0	30.61	54.94	996.51	1243

续表

项目地点	子项目地点	永久征地（公顷）		房屋拆迁（平方米）		临时占地（公顷）		总体土地征用和移民补偿（百万元）	
		计划	实际	计划	实际	计划	实际	计划	实际
金华	婺城	0	0	0	0	23.16	23.16	224.43	168.89
	游埠	2.69	3.99	0	0	1.45	1.73	508.59	579
	尖山	2.07	2.07	0	0	0.67	0	410.98	211.39
	深泽	7.75	2.92	2400	700	1.38	1.38	1096.86	402.69
	云山	0.07	0.07	0	0	2.56	0	225.97	42
	小计	12.58	9.05	2400	700	29.22	26.27	2466.83	1403.97
衢州	衢江	3.7	11.36	400	400	11.61	10.9	664.77	1723.7
	龙游	47.51	47.51	5630	6902	2.84	2.84	5275.54	3152.43
	小计	51.21	58.87	6030	7302	14.45	13.74	5940.31	4876.13
总计		98.94	98.73	50221.5	26606.27	82.04	95.89	16700.99	14199.87

受影响人群/企业的影响情况经过了全面的调查、记录、评估和公开，受影响人群、当地政府、项目业主都参与其中。通过与受影响住户的协商，针对每一户制定了适当的拆迁安置方法。征地和拆迁的补偿标准不低于移民行动计划规定的标准。所有补偿在移民安置和实际影响发生前均已发放。所有符合条件的受影响的人共计1207人，都已经识别并按照国家规定给予社会保障。按照移民行动计划针对受影响人群的生计采取了恢复措施。

对比移民计划，在移民实施过程中主要改变如下：①通过设计修改在最大程度上减少磐安、桐庐的征地和移民范围；②增加了建德和衢江的移民安置，主要原因是增加了衢江污水处理厂和建德垃圾填埋场缓冲区域的住户；③龙游县城市规划修改导致城市区域扩大。

河海大学对移民行动计划的实施进行了很好的监测。定期的监测报告以及世行的现场监督证明，受影响人群已经恢复其生活水平并普遍对移民安置的实施表示满意。

移民安置的实施也得出了以下经验教训：①项目办和世行团队具备稳定且负责的项目管理人员；②运用世行安保政策，通过移民安置对衢江污水处理厂和建德垃圾填埋场缓冲区域的住户进行保护；③在建德采用创新的移民安置方法，即允许住户在房屋拆除前继续住在已经完成征地的房屋中；④在桐庐和磐安通过设计修改减少移民安置；⑤针对移民安置计划和监测雇佣有资质的咨询团队。

附件 10　已建成资产的运营和维护安排

资产	运营方	运营方企业性质	运营设施的员工数量	未来5年的财务来源
诸暨水厂	诸暨市水务集团有限公司	国企	25人	水费
婺城水厂	金华市金西自来水有限公司	国企	38人	水费
建德污水处理厂	杭州建德污水处理有限公司	国企	30人	用户费
衢江污水处理厂	浙江博华环境技术工程有限公司	私企	22人	用户费（政府按需补贴）
游埠污水处理厂	北京桑德环境工程有限公司	私企	5人	用户费和政府补贴
尖山污水处理厂	仙居县金旭环保工程设备有限公司	私企	10人	用户费（政府按需补贴）
建德垃圾填埋场	建德市城市管理局(管理方)；建德市垃圾处理有限公司（运维方）	县级政府机构；国企	10人	用户费和政府补贴
建德渗滤液处理厂	上海同济建设科技股份有限公司	私企（合资公司）	4人	用户费和政府补贴

附件 11　项目成果照片

（1）诸暨市青山水厂

（2）金华市婺城区汤溪水厂

(3)建德市城东污水处理厂二期

（4）衢州市城东污水处理厂

（5）兰溪市游埠镇古溪河

古溪河修复前：

古溪河修复后：

兰溪游埠古镇古桥：

（6）磐安县尖山污水处理厂

（7）建德市垃圾填埋场

梅城处理中心：

杨村桥已关闭的露天垃圾场：

（8）磐安县深泽环境综合治理项目

附录二 《浙江省人民政府办公厅关于钱塘江流域小城镇环境综合治理项目经验做法的通报》

浙江省人民政府办公厅关于钱塘江流域小城镇环境综合治理项目经验做法的通报

浙政办发〔2017〕152号

各市、县（市、区）人民政府，省政府直属各单位：

2017年6月12日，世界银行贷款钱塘江流域小城镇环境综合治理项目（以下简称钱塘江项目）被世界银行董事会认定为“高度满意”评级。这是我省自1984年利用世界银行贷款以来首个最高评级项目，为提升我省项目管理水平和外资利用水平积累了宝贵经验，也为小城镇环境综合整治工作提供了优秀样本。为表扬先进、树立典型，经省政府同意，现对钱塘江项目的经验做法予以通报，请各地、各部门认真学习借鉴。

浙江省人民政府办公厅

2017年12月26日

钱塘江流域小城镇环境综合治理项目经验做法

一、基本情况

钱塘江项目是我省第一次将世界银行贷款从支持大城市建设转向支持小城镇基础设施建设的有益尝试，从筹划到完成共历时9年，涉及我省8个县（市、区）

的22个乡镇，涵盖14个子项目，由省建设厅牵头，桐庐县江南镇政府、建德市发展改革局、诸暨市水务集团、金华市婺城区水务局、兰溪市建设局、磐安县建设局、衢州市衢江区建设局、龙游工业园区管理委员会等单位具体实施。项目总投资15.74亿元，其中世界银行贷款1亿美元，2011年5月贷款协定生效实施，2016年底完成全部工程建设，2017年4月底顺利关账；共建成1座垃圾填埋场、2座自来水厂、4座污水处理厂及配套管网工程，并对相关小城镇实施了环境综合整治提升，总受益人口超过95万人。项目完成后，所涉及乡镇的污水收集率从60%左右提高到80%～90%、垃圾收集处置率从77%左右提高到100%，基础设施水平明显提升。

二、经验做法

（一）上下联动、凝心聚力，确保实施高效化。钱塘江项目自始至终得到省委、省政府和省级有关部门，以及实施地党委、政府的高度重视。省级层面专门成立了城建环保项目领导小组，由省政府副秘书长任组长，办公室（以下统称为省项目办）设在省建设厅。省政府袁家军省长等省领导对项目高度关注、亲自指挥协调，为项目实施指明了方向。省建设厅、省发展改革委、省财政厅、省国土资源厅、省环保厅、省审计厅等省级有关部门切实履行职责、通力协作配合，共同推动项目顺利实施。所涉及的8个县（市、区）党委、政府坚持一张蓝图绘到底、一届接着一届干，始终保持力度不减、工作不断、标准不降、队伍不散，确保了项目的胜利完成。

（二）全面谋划、动态监控，确保管理科学化。钱塘江项目以前期谋划为基础，以过程监控为重点，全面实现科学化管理和规范化控制。项目前期坚持谋定后动。世界银行具备一套完善、成熟的项目管理规则，并以规范著称，其贷款项目的各个环节都有相关的制度、政策、程序和法律文件。在22个月的准备期，世界银行项目组、省项目办会同属地及相关技术专家，经反复讨论磨合和精心组织设计，制定了科学前瞻、切实有效的项目实施框架。项目实施坚持动态监控。该项目的管理方式有别于国内项目，在第三方监理的基础上增加了内、外部监测体系，不仅全面控制项目的安全、进度、成本，还对项目的环境影响、社会影响实施有效监督评价。上述科学、动态的管理方式，使得钱塘江项目超出了既定绩效目标。

（三）从严把控、追求卓越，确保质量精品化。钱塘江项目在实施过程中始终坚持高标准，严格按照世界银行要求施工和管理，赢得了业界好评和诸多奖项。实施过程中，特别注重规划设计，根据项目实施内容和影响因子，针对性编制生态防护、技术管控、环境影响、运维管理等制度标准，制定经济合理、技术先进的实施方案，科学指导项目设计、施工和运营；注重培训指导，开设规划建设、项目管理、财务预测等各类培训课程，不断提升工作人员业务能力；注重项目实施，严格遵循国内外施工标准，建立各方积极配合、有效协调的运行机制，世界银行方面每6个月还进行实地督查，推动项目高质量实施。

（四）以人为本、强化保障，确保效益最大化。钱塘江项目积极践行世界银行“人是发展的中心，发展是为了所有的人”的理念，十分重视项目建设与社会发展稳定的统一。在此前提下，充分利用世界银行的资金使用政策，推动效益最大化。一方面，严格遵守采购计划和国际招投标法规，按照世界银行要求进行提款报账和工程支付；严格执行世界银行的环境评价、物质文化遗产、大坝安全和非自愿移民4项安全保障政策，每年由独立第三方咨询机构出具移民行动计划和环境监测计划的实施情况报告。另一方面，坚持以我为主、为我所用，积极向世界银行争取追溯性贷款，支持项目提前实施，进一步降低贷款资金成本。得益于该政策，诸暨市青山水厂、金华市婺城区汤溪水厂、兰溪市游埠镇污水处理厂、磐安县尖山污水处理厂等4个项目在贷款生效后1年内均已建成投产。同时，为用足用好世界银行贷款，省项目办还提前开展资金使用预测，并积极与世界银行协商，在项目中期调整环节通过增加项目内容、提高贷款支付比例等方式，最大限度地使用贷款额度，有效缓解了地方资金压力。

（五）立足长远、创新机制，确保项目可持续化。世界银行和省项目办十分注重钱塘江项目的可持续发展，根据各地项目实施机构、财务预测和成本回收等情况，分别为供水、污水处理和固废处置项目建立了不同的运营模式。供水设施运营方面，积极推动金华、诸暨等地出台相关扶持政策，钱塘江项目完成时，诸暨市青山水厂、金华市婺城区汤溪水厂所收水费已经完全覆盖运维成本，保证了今后的可持续发展。污水处理厂运营方面，世界银行和省项目办推动在桐庐县江南镇和兰溪市游埠镇等尚未征收污水处理费的小城镇引入收费制度，逐步实现污水处理收支平衡；在兰溪、衢江和磐安等地，采取政府和社会资本合作（PPP）模式，引入专业企业对污水处理厂进行运营和维护，进一步放大世界银行贷款项目的示范效应。

图书在版编目（CIP）数据

为了一江清水：世界银行贷款钱塘江流域小城镇环境综合治理项目的实践与启示/浙江省城建环保项目领导小组办公室编. —杭州：浙江大学出版社，2020.10
ISBN 978-7-308-20612-9

Ⅰ.①为… Ⅱ. ①浙… Ⅲ. ①世界银行贷款－钱塘江－流域－小城镇－城市环境－环境综合整治－研究 Ⅳ.①X321.255

中国版本图书馆CIP数据核字（2020）第181450号

为了一江清水
世界银行贷款钱塘江流域小城镇环境综合治理项目的实践与启示
浙江省城建环保项目领导小组办公室　编

策划编辑　许佳颖
责任编辑　潘晶晶
责任校对　杨利军　张培洁
封面设计　周　灵
出版发行　浙江大学出版社
（杭州市天目山路148号　邮政编码　310007）
（网址：http：//www.zjupress.com）
排　　版　杭州林智广告有限公司
印　　刷　杭州高腾印务有限公司
开　　本　710mm×1000mm　1/16
印　　张　15.5
字　　数　262千
版 印 次　2020年10月第1版　2020年10月第1次印刷
书　　号　ISBN 978-7-308-20612-9
定　　价　88.00元

浙江大学出版社市场运营中心联系方式：0571-88925591；http：//zjdxcbs.tmall.com